LA

TRIGONOMÉTRIE

DU

BACCALAURÉAT,

PAR H. FLEURY,

CHEF D'UNE INSTITUTION PRÉPARATOIRE A L'ÉCOLE DES MINES DE SAINT-
ÉTIENNE, INVENTEUR DU CADRAN TRIGONOMÉTRIQUE.

> C'est un nouvel exemple qui montre l'avan-
> tage de cette méthode simple et naturelle
> de considérer les choses en elles-mêmes,
> et sans les perdre de vue dans le cours du
> raisonnement.
> M. Poinsot (de l'Acad. des Sciences).

PARIS,

MALLET-BACHELIER, LIBRAIRE

DE L'ÉCOLE POLYTECHNIQUE, DU BUREAU DES LONGITUDES,
QUAI DES AUGUSTINS, 55.

1858

LA

TRIGONOMÉTRIE

DU BACCALAURÉAT.

(C.)

Paris. — Imprimerie de Mallet-Bachelier,
rue du Jardinet, 12.

LA

TRIGONOMÉTRIE

DU

BACCALAURÉAT,

Par H. FLEURY,

CHEF D'UNE INSTITUTION PRÉPARATOIRE A L'ÉCOLE DES MINES DE SAINT-
ÉTIENNE, INVENTEUR DU CADRAN TRIGONOMÉTRIQUE.

> C'est un nouvel exemple qui montre l'avan-
> tage de cette méthode simple et naturelle
> de considérer les choses en elles-mêmes,
> et sans les perdre de vue dans le cours du
> raisonnement.
>
> M. Poisson (de l'Acad. des Sciences).

PARIS,

MALLET-BACHELIER, LIBRAIRE

DE L'ÉCOLE POLYTECHNIQUE ET DU BUREAU DES LONGITUDES,

QUAI DES AUGUSTINS, 55.

1858

PRÉFACE.

Par le titre que je donne à ce Traité, on comprend assez qu'il n'y sera fait aucune mention de la Trigonométrie sphérique, et que même les questions de Trigonométrie rectiligne réputées peu élémentaires y seront pareillement passées sous silence. En revanche, j'ai donné à l'établissement des principes et des formules principales tous les développements que peut désirer un lecteur peu exercé aux transformations algébriques.

La distinction des signes des lignes trigonométriques d'un arc quelconque étant un point capital, non-seulement j'ai traité ce sujet avec tous les détails qu'il comporte, mais j'ai encore, pour en aplanir les difficultés aux commençants, distingué, dans la figure qui s'y rapporte, les lignes trigonométriques affectées de signes contraires, en représentant par des lignes rouges toutes celles qui sont positives, et par des lignes vertes toutes celles qui sont négatives.

En outre, j'ai imaginé et fait exécuter un appareil au moyen duquel, étant donné un arc quelconque porté, à partir d'une origine fixe, sur la circonférence, on obtient en une seconde une figure où chacune des lignes trigonométriques de l'arc donné se trouve parfaitement représentée, non-seulement en grandeur absolue, mais encore avec le signe qui lui convient.

Cet appareil (*), placé dans une classe à côté du tableau noir, n'offrira pas le seul avantage de donner une figure toujours faite d'avance, régulièrement construite, et appropriée à la plupart des explications qui se rapportent aux éléments de la Trigonométrie; mais, comme il est formé de lignes en partie mobiles, qui varient en conservant entre elles des relations de grandeur et de position déterminées, on pourra y voir très-clairement et y suivre des yeux les variations et la marche progressive des lignes trigonométriques.

Le Programme porte *qu'on ne considérera que les rapports des lignes trigonométriques au rayon.* Mais le moyen d'obtenir ces rapports sans considérer les lignes elles-mêmes? Et ne lit-on pas aussitôt au même numéro du Programme : *Relation entre les lignes trigonométriques d'un même angle.* On considère donc encore les lignes trigonométriques, à moins qu'on ne veuille dire qu'on appelle ainsi leurs rapports au rayon;

(*) Se trouve chez l'inventeur à Saint-Étienne, rue Saint-Jacques, n° 11.

mais alors comment appellera-t-on les lignes trigonométriques elles-mêmes (*)?

On peut se conformer à l'esprit du Programme sans choquer le sens commun, sans dire que les lignes trigonométriques ne sont pas des lignes. Il suffit de les définir dans l'hypothèse du rayon égal à l'unité. Alors elles n'ont plus rien d'indéterminé, et chacune d'elles renferme dans son expression le nombre qui exprime son rapport à l'unité. Dans le cas où le rayon deviendrait égal à R, par exemple, la perpendiculaire abaissée de l'extrémité d'un arc de x degrés, sur le diamètre conduit par son origine, serait représentée par $R \sin x$, et non simplement par $\sin x$.

D'après cela, il me paraît au moins inutile de remplacer, comme le font certains auteurs,

---

(*) Cela m'expliquerait ce mot d'un auteur : *Les lignes trigonométriques ne sont pas des lignes.* De grâce, dites-nous ce que c'est, et appelez enfin les choses par leurs noms ; car n'a-t-on pas la même raison de dire que les arcs ne sont pas des arcs, et ne lit-on pas dans l'*Arithmétique* de M. Bertrand (de l'Académie des Sciences) *un nombre concret n'est pas un nombre.* Autant vaudrait dire qu'une bête à cornes n'est pas une bête.

M. Terquem termine un article de ses *Annales de Mathématiques* par ce dicton grec. Lorsque quelqu'un avançait une proposition d'une absurdité flagrante, granitique, et qu'un autre survenait pour réfuter sérieusement une telle proposition, les Grecs disaient du premier *qu'il voulait traire un bouc,* et du second *qu'il tenait l'écuelle.* Je ne veux pas tenir l'écuelle.

chaque ligne par *le nombre positif ou négatif
qui le mesure.* D'abord on ne voit guère pourquoi l'on aurait un nombre négatif en mesu-
rant une ligne dans un sens plutôt que dans
l'autre, tandis qu'on comprend clairement que
la distance, sur une droite, d'un point à une origine fixe, est positive ou négative, suivant que
ce point est placé d'un côté ou de l'autre de cette
origine. Ensuite, que deviennent dans un tel
langage le pied du sinus, la distance du centre
au sinus, etc.? Le pied d'un nombre, la distance
d'un point à un nombre, etc.

Dans les formules qui donnent tous les arcs
correspondants à une ligne trigonométrique
donnée, j'ai désigné par α l'un quelconque de ces
arcs, et non le plus petit arc positif d'entre eux.
En cela, je me suis proposé non-seulement de
donner à ces formules un caractère de plus
grande généralité, mais surtout de présenter
une solution plus simple ou plus complète de
plusieurs questions qui s'y rapportent. Telles
sont la réduction d'un arc au premier quadrant,
la recherche des lignes trigonométriques communes à deux arcs donnés, l'examen et l'inter-
prétation des solutions multiples auxquelles
conduit le calcul des lignes trigonométriques
des multiples d'un arc en fonction de telle ligne
qu'on voudra de l'arc simple, etc.

TABLE DES MATIÈRES.

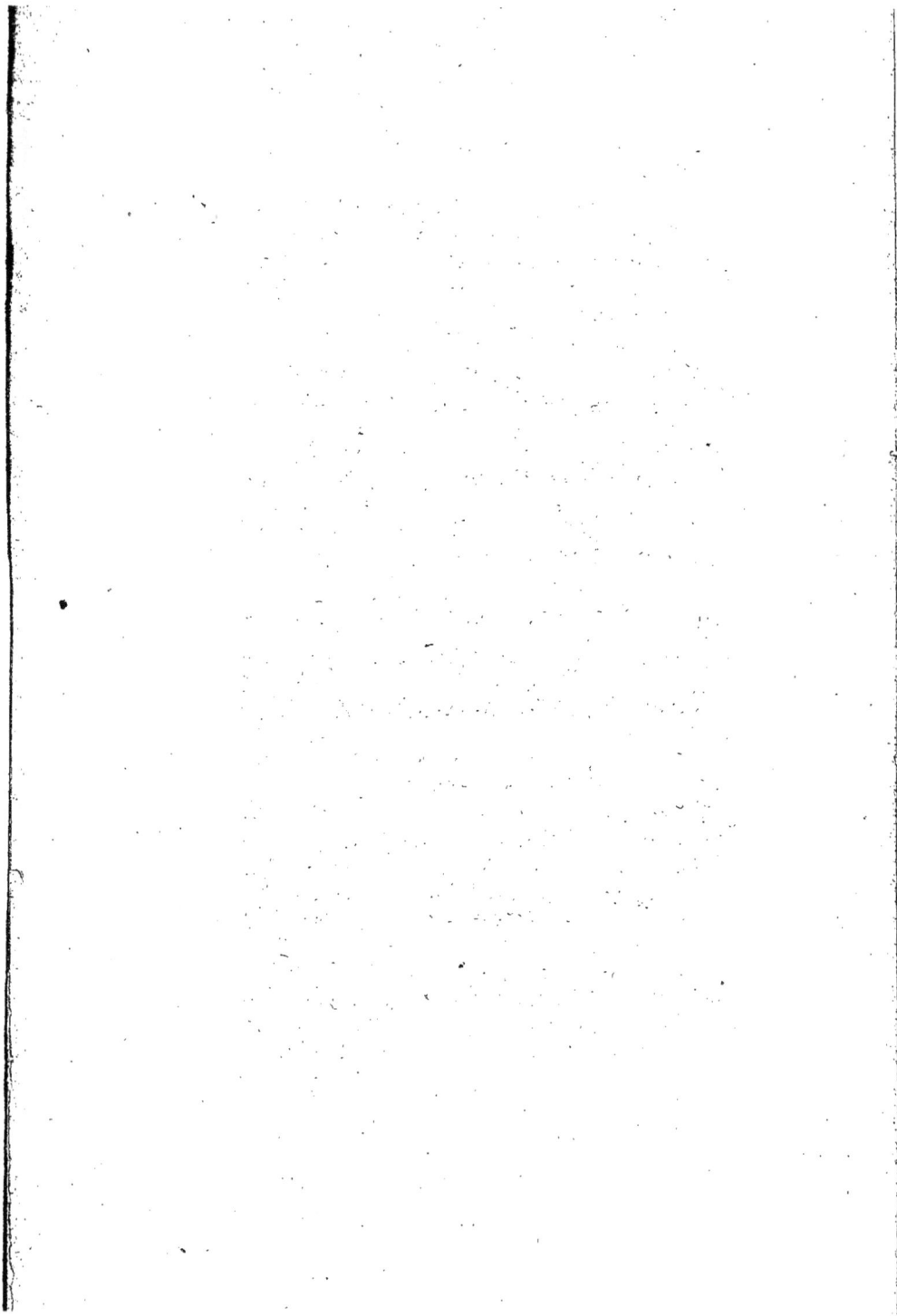

LA

TRIGONOMÉTRIE

DU BACCALAURÉAT.

NOTIONS PRÉLIMINAIRES.

Objet de la Trigonométrie.

1. La Trigonométrie a pour objet principal la résolution des triangles par le calcul.

Résoudre un triangle, c'est en déterminer les côtés ou les angles inconnus au moyen de données suffisantes. La géométrie apprend aussi à résoudre les triangles; mais c'est par des opérations graphiques, qu'on effectue ordinairement à l'aide d'instruments, tels que la règle, l'équerre, le compas et le rapporteur, tandis que la trigonométrie substitue à ces procédés graphiques, des calculs numériques qui conduisent à des résultats susceptibles d'une exactitude beaucoup plus grande.

Sur la mesure des lignes.

2. Mesurer une ligne, c'est déterminer combien de fois sa longueur contient une autre longueur choisie pour unité. En joignant le nom de l'unité linéaire au nombre qui exprime combien de fois elle est contenue dans une ligne, on a l'expression de la longueur de cette ligne (*).

Du rapport de la circonférence à son diamètre.

3. On démontre en géométrie que la circonférence varie proportionnellement à son diamètre, en sorte que leur rapport reste constamment le même.

(*) Il ne faut pas confondre, comme on le fait quelquefois, l'expression d'une grandeur avec son rapport à l'unité. Le rapport de deux grandeurs de même espèce est nécessairement un nombre abstrait. Ainsi, le rapport de 24 mètres à 8 mètres est absolument le même que celui de 24 francs à 8 francs, de 24 centimètres carrés à 8 centimètres carrés; ce rapport n'est ni 3 mètres ni 3 francs, c'est 3 tout simplement. Si le rapport de 24 mètres à 8 mètres était 3 mètres, celui de 24 millions à 8 millions serait aussi 3 millions, ce qui est absurde. D'après cela, *l'aire d'une figure n'est donc pas le rapport de son étendue à celle de l'unité de surface*, puisque, comme nous venons de le dire, un rapport n'exprime pas plus une aire qu'un volume, un poids, etc.

(3)

On sait de plus que ce rapport est incommensurable avec l'unité, et ne saurait conséquemment être exprimé exactement par aucun nombre entier ou fractionnaire. Sa valeur, qu'on représente ordinairement par π (*), a été calculée avec une très-grande approximation. Le nombre 3,14159 26535 89793 23846 représente cette valeur avec vingt chiffres décimaux.

Puisque π désigne le rapport constant de la circonférence à son diamètre, il s'ensuit que quand le diamètre sera pris pour unité, la circonférence sera elle-même représentée par π. Mais, si c'est le rayon qu'on prend pour unité, le diamètre sera égal à 2, et la circonférence à 2π. Dans ce cas, π représentera la demi-circonférence, et $\frac{\pi}{2}$ le quadrant ou quart de circonférence.

Division de la circonférence.

4. La circonférence se divise en 360 parties égales appelées *degrés*; le degré se divise lui-même en 60 minutes, la minute en 60 secondes, la seconde en 60 tierces, etc. La demi-circon-

(*) Lettre grecque qui se prononce *pi*.

1.

férence contient donc 180 degrés, et le quadrant 90.

Les degrés, les minutes et les secondes se
représentent d'une manière abrégée par des
signes particuliers ; ainsi, le nombre 32 degrés
43 minutes 52 secondes et 7 dixièmes de seconde s'écrit plus simplement 32° 43′ 52″,7.

Ce mode de division, appelé *division sexagé-
simale*, n'étant pas en harmonie avec le système
métrique, on imagina de partager le quadrant
en 100 parties égales appelées *grades*, le grade
en 100 minutes, et la minute en 100 secondes, etc. Mais cette nouvelle division, appelée
division centésimale, qu'on voulait substituer à
l'ancienne, n'a pas prévalu et n'est que rarement usitée.

*Signes conventionnels au moyen desquels on
indique le sens du mouvement d'un point sur
une ligne.*

5. Si un mobile part d'un point quelconque
d'une ligne, droite ou courbe, en repos ou non,
pour se mouvoir sur cette ligne, on comprend
que son mouvement pourra naître dans deux
sens opposés. Cette opposition de sens s'indique par celle des signes + et —, dont on
affecte l'expression de la longueur parcourue.

Ainsi, pour assigner d'une manière complète la position d'un mobile sur une ligne, il ne suffit pas d'en faire connaître le point de départ et la longueur du chemin qu'il y a décrit; il faut de plus indiquer, par le signe + ou le signe —, le sens dans lequel s'est opéré le mouvement. En général, on adopte comme positif celui des deux sens qu'on veut, et le sens opposé est nécessairement négatif. Ce choix, qui le plus souvent est arbitraire, sera, dans certains cas, indiqué par la nature même de la question.

Des arcs de cercle.

6. L'arc de cercle se définit en géométrie une portion quelconque de la circonférence; mais on est quelquefois conduit, dans les applications de la trigonométrie, à considérer des arcs plus grands que la circonférence elle-même : tel serait l'arc décrit par un mobile qui aurait fait plus d'un tour sur la circonférence.

Un arc peut être considéré quant à sa longueur, ou quant au nombre de degrés qu'il contient. Soient a la longueur d'un arc, R son rayon et n sa valeur en degrés; on a $\frac{a}{\pi R} = \frac{n}{180}$, relation qui fait voir que la longueur d'un arc, sa valeur en degrés et le rayon avec lequel il a été décrit, ont entre eux une dépendance telle, que deux de ces choses sont nécessaires et suffisantes pour déterminer la troisième.

Ce qu'on appellera origine d'un arc.

7. Toute corde MN (*fig.* 1, *voir* la planche qui se trouve à la fin du volume) partage la circonférence en deux arcs qui ont les mêmes extrémités que la corde. Nous entendrons toujours par l'arc MN le plus petit de ces deux arcs, et, de plus, nous le supposerons décrit par un mobile qui part de la première extrémité M pour aller vers la seconde, en sorte que MN et NM désigneront des arcs égaux, mais de signes contraires. Il en résulte que si l'on suppose le premier positif et égal à $+ a$, le second sera négatif et égal à $- a$.

La première extrémité d'un arc, celle d'où part le mobile pour le décrire, est ce que j'appellerai l'*origine de l'arc*; l'autre conservera le nom d'*extrémité*. Ainsi, le point A sera l'origine de l'arc AM, et le point M en sera l'extrémité; l'arc MA aurait, au contraire, le point M pour origine et le point A pour extrémité.

De la mesure des angles.

8. Les arcs décrits entre les côtés d'un

angle, de son sommet comme centre, avec des rayons différents, varient proportionnellement à ces rayons, en sorte que le rapport de chacun d'eux à son rayon reste constant, ainsi que sa valeur en degrés. Il en résulte qu'on peut prendre pour la mesure d'un angle, soit la valeur en degrés d'un quelconque de ces arcs, soit le rapport $\frac{a}{R}$ de sa longueur à celle du rayon. Si nous désignons ce rapport par ω (*), la relation $\frac{a}{\pi R} = \frac{n}{180}$, établie au n° **6**, donnera

$$\frac{a}{R} = \frac{n\pi}{180}, \quad \text{ou} \quad \omega = \frac{n\pi}{180},$$

d'où l'on tire

$$n = \frac{\omega \times 180}{\pi}.$$

Cette relation fournit le moyen de transformer l'une dans l'autre les deux expressions différentes de la mesure d'un même angle.

Si, par exemple, on veut connaître la valeur en degrés d'un arc de même longueur que le rayon, on fera ω égal à l'unité dans la formule

$$n = \frac{\omega \times 180}{\pi},$$

(*) Lettre grecque que l'on prononce *oméga*.

qui deviendra ainsi

$$n = \frac{180}{\pi}.$$

En effectuant la division de 180 par la valeur numérique de π, on trouve

$$n = 57° 17' 44'',75$$

pour la valeur d'un arc de même longueur que le rayon.

9. Quand on prend le rayon pour unité, la relation $\frac{a}{R} = \omega$ devient $a = \omega$; ainsi, lorsque le rayon est égal à l'unité, la mesure d'un angle est donnée immédiatement par la longueur de l'arc décrit entre ses côtés. Pour plus de simplicité, nous supposerons toujours un tel rayon aux arcs que nous considérerons dans la suite de ce traité.

Des arcs complémentaires.

10. Deux arcs sont dits *complémentaires,* quand leur somme vaut un quadrant. En d'autres termes, le complément d'un arc s'obtient en le retranchant de 90 degrés ou de $\frac{\pi}{2}$, suivant que cet arc est exprimé en degrés ou rapporté

à son rayon. Ainsi, le complément d'un arc de
x degrés est égal à $90° — x°$; le complément
d'un arc dont la longueur rapportée à celle
du rayon est x, sera $\frac{\pi}{2} — x$; le complément de
$\frac{\pi}{2} — x$ est x, celui de $\frac{\pi}{2} + x$ est $— x$.

Supposons, par exemple, qu'on demande le
complément d'un arc de $29° 43' 58''$. On le retranchera de 90 degrés, ou de $89° 59' 60''$, ce
qui donnera $60° 16' 2''$.

Supposons, en second lieu, qu'on veuille
trouver le complément d'un arc dont la longueur, rapportée au rayon pris pour unité, soit
exprimée par $1,23$. Il suffira de prendre la
moitié de π et d'en retrancher $1,23$, ce qui
donnera $0,340796$.

Les deux angles aigus d'un triangle rectangle
sont toujours complémentaires l'un de l'autre.

11. Il résulte de la définition de deux arcs
complémentaires qu'ils ne sauraient être à la
fois négatifs, puisque leur somme, 90 degrés
ou $\frac{\pi}{2}$, est toujours positive. Il en résulte encore
que si deux arcs complémentaires sont positifs,
chacun est plus petit qu'un quadrant; mais
quand ils sont de signes contraires, ils peuvent
être quelconques, pourvu qu'en valeur abso-

lue, c'est-à-dire abstraction faite des signes, l'arc positif surpasse d'un quadrant l'arc négatif.

Hypothèse sur l'origine et le sens des arcs complémentaires.

12. Quand l'arc AM (*fig.* 1) varie, son origine A (n° **7**) reste fixe, et son extrémité M change de position sur la circonférence. Le contraire a lieu pour le complément MC de l'arc AM : c'est son origine M qui varie, tandis que son extrémité C reste fixe. Afin de donner aussi au complément de l'arc variable AM, une origine fixe et la même extrémité que lui, on place son origine en C, et on le suppose positif dans le sens CMA, pour lequel justement les arcs qui ont leur origine en A sont négatifs. Il résulte de cette double hypothèse que deux mobiles qui partent des origines A et C, pour décrire des arcs complémentaires, marchent dans le même sens quand ces arcs sont de signes contraires, et en sens opposés lorsque les arcs complémentaires sont de même signe. Dans tous les cas, les deux mobiles arriveront au même point après avoir décrit des arcs complémentaires.

Solution d'un problème sur les arcs complémentaires.

13. Un arc étant donné sur la circonférence, à partir d'une des origines A ou C, on peut se proposer de trouver le chemin que ferait un mobile qui, partant de l'autre origine, décrirait le complément de l'arc donné.

Si l'arc donné AM est positif et plus petit qu'un quadrant, son complément sera CM et s'obtiendra sans difficulté. Les deux arcs étant alors positifs, les deux mobiles doivent marcher en sens contraires, d'après l'hypothèse du numéro précédent; mais quand les arcs complémentaires ne sont pas l'un et l'autre positifs, ils sont de signes contraires (n° 11), et les mobiles qui les décriront marcheront dans le même sens, d'après la même hypothèse. Pour connaître alors le chemin du mobile qui décrira le complément de l'arc donné, on distinguera deux cas :

1°. L'extrémité de l'arc donné n'est pas sur le quadrant AC; dans ce cas, les deux mobiles repassent le même nombre de fois par leur point de départ respectif, avant de s'arrêter à l'extrémité commune des arcs complémentaires;

2°. L'extrémité de l'arc donné se trouve sur le quadrant AC; alors le mobile qui décrit l'arc positif repasse une fois de plus que l'autre par son point de départ.

Des arcs supplémentaires.

14. On appelle *arcs supplémentaires* deux arcs dont la somme vaut une demi-circonfé-

rence. En d'autres termes, le supplément d'un arc s'obtient en le retranchant de π ou de 180 degrés, suivant que cet arc est rapporté au rayon, ou exprimé en degrés. Ainsi, suivant que x exprimera le rapport d'un arc à son rayon, ou sa valeur en degrés, son supplément sera représenté par $\pi - x$, ou par $180° - x°$.

Si l'on veut, par exemple, trouver le supplément d'un arc de 129° 34′ 48″, on le retranchera de 180 degrés ou 179° 59′ 60″, ce qui donnera 50° 25′ 12″.

Si l'arc était rapporté au rayon pris pour unité et représenté par 1,389, son supplément serait $\pi - 1,389$ ou 1,75259.

Dans tout triangle, un quelconque des trois angles est le supplément de la somme des deux autres.

Deux arcs supplémentaires ne sauraient être négatifs en même temps, puisque leur somme doit être positive. Quand ils sont tous deux positifs, chacun d'eux est nécessairement plus petit qu'une demi-circonférence ; mais s'ils sont de signes contraires, ils peuvent être quelconques, pourvu qu'en valeur absolue l'arc positif surpasse de π ou de 180 degrés l'arc négatif.

Expression des multiples de π.

15. Représentons par k un nombre entier

quelconque, positif, nul ou négatif, $2k$ représentera tous les nombres pairs, et $2k + 1$ tous
les nombres impairs. Par suite, $k\pi$ exprimera
tous les nombres entiers de demi-circonférences,
$2k\pi$ en représentera tous les nombres pairs, et
$(2k + 1)\pi$ tous les nombres impairs.

Par multiple pair ou impair de π, j'enten-
drai, suivant l'usage, le produit de π par un
nombre pair ou impair : c'est ainsi que la puissance d'un nombre est dite paire ou impaire,
suivant que l'exposant de cette puissance est
pair ou impair. Par exemple, 81, qui est la quatrième puissance de 3, est un nombre impair ;
cependant on dit que c'est une puissance paire
de 3, parce que son exposant 4 est un nombre
pair.

REMARQUE.

16. Pour $k = 0$, $2k\pi$, qui est l'expression de
tous les nombres pairs de π, devient aussi égal
à zéro : un arc nul, ou égal à zéro, se rangera
donc parmi les multiples pairs de π.

Des arcs correspondants à un même point de la circonférence.

17. J'appellerai *arcs correspondants à un
même point de la circonférence*, tous les arcs tant

positifs que négatifs qui, ayant une même origine, se terminent en ce point.

Pour avoir l'expression de tous les arcs correspondants à un même point M (*fig.* 1), supposons qu'un mobile actuellement en ce point ait déjà décrit un arc quelconque α (*), à partir d'une origine fixe A, et continue à se mouvoir dans l'un ou l'autre sens sur la circonférence, il est évident que le mobile ne reviendra au point M qu'après avoir fait un ou plusieurs tours ; en sorte que toutes les fois que le mobile repassera au point M, le chemin total qu'il aura fait sur la circonférence sera compris dans l'expression $2k\pi + \alpha$, qui donnera ainsi tous les arcs correspondants au point M, au moyen de l'un quelconque d'entre eux. On voit clairement que si α désignait un arc terminé en tout autre point N de la circonférence, la formule

$$2k\pi + \alpha$$

donnerait tous les arcs correspondants au point N.

(*) Lettre grecque qui se prononce *alpha*.

CHAPITRE PREMIER.

DES LIGNES TRIGONOMÉTRIQUES.

Leurs définitions.

18. Les lignes trigonométriques d'un angle ou d'un arc x sont le sinus, la tangente, la sécante, le cosinus, la cotangente et la cosécante. On les représente d'une manière abrégée par $\sin x$, $\tang x$ ou $\tg x$, $\sin x$, $\cos x$, $\cot x$ et $\cosec x$.

Le *sinus* de l'arc AM (*fig.* 1) est la perpendiculaire MP abaissée de l'extrémité de cet arc sur le diamètre mené par son origine (*) (n° 7). Sa longueur est toujours égale à la moitié de la corde qui sous-tend un arc double.

Si, par l'origine de l'arc AM, on mène la droite indéfinie TT′ tangente à cet arc, la par-

---

(*) Si l'on disait que le sinus d'un arc est la perpendiculaire abaissée d'une des extrémités de l'arc sur le diamètre qui passe par l'autre extrémité, le même sinus conviendrait à des arcs égaux et de signes contraires, tandis qu'on sait que leurs sinus doivent être aussi affectés de signes contraires.

tie AT comprise, sur cette droite, entre l'origine et le prolongement du diamètre qui passe par l'extrémité de l'arc, s'appelle, en trigonométrie, la *tangente de cet arc*.

La *sécante* du même arc AM est la droite OT, menée entre le centre et l'extrémité de la tangente.

On appelle *cosinus*, *cotangente* et *cosécante* d'un arc, le sinus, la tangente et la sécante du complément de cet arc.

On a donc par définition

$$\cos x = \sin\left(\frac{\pi}{2} - x\right),$$

$$\cot x = \tang\left(\frac{\pi}{2} - x\right),$$

$$\cosec x = \sec\left(\frac{\pi}{2} - x\right).$$

Le complément de $45° + x°$ étant $45° - x°$, on a pareillement

$$\cos(45° + x°) = \sin(45° - x°),$$
$$\cot(45° + x°) = \tang(45° - x°),$$
$$\cosec(45° + x°) = \sec(45° - x°).$$

Le sinus, la tangente et la sécante d'un arc sont dits *les lignes directes de cet arc*; le cosinus, la cotangente et la cosécante en sont les lignes indirectes.

On fait rarement usage du sinus verse : c'est
la distance AP comprise entre l'origine de
l'arc et le pied du sinus. Le cosinus verse
d'un arc est le sinus verse de son complément.

Signes des lignes trigonométriques.

19. Si l'on considère les lignes trigonométriques d'un arc variable, décrit par un mobile
qui part d'une origine fixe et se meut dans l'un
ou l'autre sens sur la circonférence, on verra
que chacune de ces lignes, tout en variant
d'une manière plus ou moins rapide avec l'arc,
reste toujours portée sur une même droite, fixe
ou mobile, à partir d'un point fixe sur cette
droite. On distinguera donc sur chacune de ces
droites, et à partir du point fixe, deux directions opposées, pour lesquelles les lignes trigonométriques correspondantes devront être affectées de signes contraires ; et, comme chaque
ligne trigonométrique reste sur une même direction, tant que l'arc reste lui-même compris
entre 0 et 90 degrés, c'est cette direction qu'on
convient d'adopter comme positive. Dans la
fig. 1, toutes les directions positives sont représentées par des lignes rouges, et les directions négatives par des lignes vertes.

Variation du sinus.

20. Le sinus d'un arc variable AM se trouve toujours porté, à partir du point M, sur l'une ou l'autre des deux directions opposées d'une droite conduite, par l'extrémité de l'arc, perpendiculairement au diamètre AA′ qui passe par l'origine.

Tant que l'extrémité de l'arc se trouve en quelque point M ou N du premier ou du second quadrant, le sinus MP ou NP′ est positif; mais quand elle est en quelque point N′ ou M′ du troisième ou du quatrième quadrant, le sinus N′P′ ou M′P est négatif.

Toutes les fois que l'extrémité de l'arc se confond avec l'une des extrémités du diamètre AA′, la perpendiculaire abaissée de l'extrémité de l'arc sur ce diamètre devient nulle; ainsi, pour tous les arcs correspondants aux points A et A′, le sinus est égal à zéro.

Quand l'extrémité mobile va de A ou A′ vers C, le sinus augmente d'une manière continue, depuis zéro jusqu'à l'unité; il en est de même quand le mobile va de A ou A′ vers C′, avec la seule différence que le sinus est alors négatif. Ainsi, pour tous les arcs correspondants au point C, le sinus égale + 1, et il égale

— 1 pour tous ceux qui se rapportent au point C′ (n° **9**).

Variation du cosinus.

21. L'arc AM a pour cosinus MH, qui est le sinus de son complément CM. Le cosinus est toujours porté, à partir du point M, sur l'une ou l'autre des deux directions d'une droite qui reste parallèle au diamètre AA′. Il est aussi toujours représenté en grandeur et en signe par la distance OP du centre au pied du sinus.

Le cosinus MH ou M′H′ est positif pour un point quelconque M ou M′ du premier ou du quatrième quadrant; mais quand l'extrémité de l'arc est en quelque point N ou N′ du second ou du troisième quadrant, le cosinus NH ou N′H′ est négatif.

Le cosinus est nul pour tous les arcs correspondants aux extrémités du diamètre CC′; mais quand le mobile va de l'une de ces extrémités vers le point A, le cosinus croît depuis zéro jusqu'à l'unité; il varie de même depuis o jusqu'à — 1, lorsque le mobile va de C ou C′ vers A′.

Variation de la tangente et de la cotangente.

22. La tangente AT et la cotangente CR sont

2.

positives tant que l'extrémité de l'arc se trouve
en quelque point M ou N' du premier ou du
troisième quadrant, tandis que la tangente AT'
et la cotangente CR' sont négatives pour un
point quelconque N ou M' du second et du
quatrième quadrant,

Quand le mobile passe en A ou en A', la
tangente AT ou AT' se réduit à un seul point;
il en est de même de la cotangente, quand le
mobile passe en C ou en C'. Mais, lorsque le
mobile va de A en C, la tangente grandit, et
d'une manière très-rapide dès que le mobile
est très-près du point C. Enfin, lorsque le mobile est en C, la tangente indéfinie TT' n'est
plus rencontrée par le prolongement du rayon
OC, qui lui est devenu parallèle. La tangente de l'arc AC étant alors illimitée dans un
sens, ont dit qu'elle est infinie; et comme il
n'y a plus de nombre qui puisse en représenter
la grandeur, on y supplée par le signe ∞, qui
est le symbole de l'infini, et l'on écrit

$$\text{tang } 90^\circ = \infty .$$

Si le mobile revenait de A' vers C, la tangente
serait négative ; mais sa longueur croîtrait aussi
sans limite, à mesure que le mobile s'appro-
cherait du point C, et l'on aurait dans ce cas

$$\text{tang } 90^\circ = - \infty .$$

La tangente de 90 degrés pouvant être égale à l'infini positif ou à l'infini négatif, on écrit

$$\tan 90° = \pm \infty .$$

On voit de même que la tangente de tous les arcs correspondants aux extrémités du diamètre CC′ est égale $\pm \infty$, ainsi que la cotangente de tous les arcs qui se terminent aux extrémités du diamètre AA′.

Variation de la sécante et de la cosécante.

23. La sécante et la cosécante sont toujours portées, à partir du point O, sur l'une ou l'autre des deux directions de la droite indéfinie menée par le centre et l'extrémité de l'arc. Il en résulte que cette droite tourne autour du centre en même temps que le mobile marche sur la circonférence, et qu'ainsi l'extrémité de l'arc ne cesse jamais de se trouver sur la direction positive de la droite des sécantes et des cosécantes, en sorte que cette extrémité pourra, dans tous les cas, servir à distinguer cette direction de la direction négative, sur laquelle ne se trouve jamais l'extrémité de l'arc. Ainsi, quand le mobile se trouve en quelque point M du premier quadrant, la sécante OT et la cosécante OR sont positives par hypothèse; mais, si le mobile va de M en N′, la droite indéfinie ST fera en même temps un demi-tour, en sorte que la direction négative OS viendra prendre la position de la direction positive OT, et réciproquement. Il arrivera donc que la même sécante OT et la même cosécante OR, qui étaient positives, quand elles se rapportaient aux arcs terminés en M, seront négatives lorsqu'elles se rapporteront aux arcs terminés en N′. Dans la *fig.* 1, les directions OT et OR′ sont rouges, parce qu'on a supposé qu'elles se rapportent aux points M et N. Elles devraient être vertes, au contraire, si elles se rapportaient aux points N′ et M′. Dans le cadran trigonométrique (*), la droite indéfinie ST est mobile, en sorte que la sécante et la cosécante y sont successivement représentées par des lignes rouges ou vertes, selon qu'elles sont positives ou négatives.

On reconnaîtrait de même que, pour les arcs correspondants à un point N du second quadrant, la sécante OT′ est négative et la cosécante OR′ positive; tandis que pour le point M′ du quatrième quadrant, la même sécante OT′ est au contraire positive, et la même cosécante OR′ négative.

Quant à la grandeur absolue de la sécante

(*) *Voir* la préface de ce Traité.

ou de la cosécante, il est clair qu'elle ne peut jamais devenir moindre que le rayon ; mais elle peut croître sans limite, comme celle de la tangente et de la cotangente.

Ainsi, la sécante est égale à + 1 pour les arcs terminés en A, et à — 1 pour ceux qui ont leur extrémité en A'; mais pour les arcs correspondants aux points C et C', elle est égale à ± ∞. De même, la valeur de la cosécante est + 1 au point C, et — 1 au point C', tandis que pour les points A et A' elle égale ± ∞.

REMARQUE.

24. Les lignes trigonométriques de tous les arcs, tant positifs que négatifs, qui se terminent dans le premier quadrant, sont positives par hypothèse (nº **19**); et il résulte de la discussion précédente que chacun des arcs terminés aux différents points des trois autres quadrants, n'a que deux lignes trigonométriques positives, savoir : le sinus et la cosécante pour le second quadrant, la tangente et la cotangente pour le troisième, et enfin le cosinus et la sécante pour le quatrième. Le sinus et la cosécante d'un arc quelconque ont donc toujours le même signe; il en est de même de la tangente et de la cotangente, ainsi que de la sécante et du cosinus.

Définitions.

25. Quand il existe entre deux variables une relation telle, que la variation de la première entraîne celle de la seconde, et réciproquement, chacune d'elles est dite *fonction de l'autre* : tel est le cas d'un arc avec chacune de ses lignes trigonométriques.

Les lignes trigonométriques d'un arc de cercle, étant des fonctions de cet arc, sont quelquefois désignées sous le nom de *fonctions circulaires*. Les fonctions arc sin x, arc cos x, arc tang x, arc cot x, arc séc x, arc coséc x, qui représentent les arcs dont le sinus, le cosinus, etc., est égal à x, sont appelées des *fonctions circulaires inverses* (*).

Formule des arcs qui ont leurs lignes trigonométriques respectivement égales en grandeur absolue.

26. L'inspection seule de la *fig.* 1 fait voir

(*) On ne saurait assurément refuser le nom de fonctions circulaires aux fonctions qui renferment, d'une manière quelconque, une ou plusieurs lignes trigonométriques dans leur expression. Voilà pourquoi il ne m'a pas paru convenable de substituer partout, comme le font quelques auteurs, l'expression de fonction circulaire à celle de ligne trigonométrique, qui a un sens moins large, et n'en représente ainsi qu'un cas particulier.

que tous les arcs correspondants aux quatre sommets du rectangle MNN′M′, dont deux côtés sont parallèles, et les deux autres perpendiculaires au diamètre mené par l'origine, ont toutes leurs lignes trigonométriques égales en valeur absolue, c'est-à-dire abstraction faite des signes. On pourrait l'appeler en trigonométrie le rectangle des lignes égales, et entendre par le rectangle correspondant au point M ou à l'arc AM, le rectangle ainsi construit en partant de l'extrémité M de l'arc.

Soient donc MNM′N′ le rectangle correspondant au point M, et α un arc terminé en ce point, l'arc $-\alpha$ se terminera évidemment en M′. Par suite, les arcs $\pi + \alpha$ et $\pi - \alpha$ se termineront respectivement en N′ et N, diamétralement opposés aux points M et M′. Ajoutons maintenant $2k\pi$ à chacun des quatre arcs α, $-\alpha$, $\pi + \alpha$, $\pi - \alpha$, et nous aurons

$$2k\pi + \alpha, \quad 2k\pi - \alpha,$$

$$(2k+1)\pi + \alpha, \quad (2k+1)\pi - \alpha,$$

pour les expressions de tous les arcs correspondants aux points M, M′, N′, N (n° **17**).

En réunissant ces quatre expressions, elles se réduisent à la seule $k\pi \pm \alpha$, qui renferme, aussi bien qu'elles, tous les multiples de π augmentés ou diminués de α. Ainsi, α désignant un arc quelconque, la formule

$$k\pi \pm \alpha$$

donne tous les arcs qui ont les mêmes lignes trigonométriques, abstraction faite des signes.

27. Si, au lieu de l'arc α, on donnait la longueur d'une de ses lignes trigonométriques, on en déduirait, soit graphiquement, soit par le calcul, un arc α correspondant à cette ligne, d'où l'on conclurait la formule

$$k\pi \pm \alpha.$$

Supposons, par exemple, qu'on donne la longueur du sinus; on la portera de O en H sur le rayon OC, et la parallèle MN au diamètre AA' déterminera les points M et N, et par suite le rectangle MNM'N', aux sommets duquel aboutiront tous les arcs cherchés. Si l'on veut ensuite désigner par α l'un quelconque d'entre eux, la formule

$$k\pi \pm \alpha$$

les renfermera tous.

Le cosinus se porterait sur le rayon OA, de O en P; et le rectangle correspondant se construirait de la même manière.

Si l'on donne la longueur de la tangente, on

(27)

la portera de A en T, et la droite OT déterminera le point M, et par suite le rectangle correspondant à ce point (n° **26**).

Enfin, si l'on donne la longueur de la sécante
ou de la cosécante, on décrira du centre O,
avec cette longueur pour rayon, un arc de cercle
qui coupera la tangente en T, ou la cotangente
en R, et le point M sera déterminé par OT
ou OR.

28. Pour résoudre la même question par le
calcul, on se servirait des Tables trigonométriques, dont on expliquera plus loin (n°s **74** et sui-
vants) la construction et l'usage. Au moyen de
ces Tables, on trouverait un arc α correspondant à la ligne donnée, d'où l'on déduirait
l'expression $k\pi \pm \alpha$ de tous les arcs cherchés.

*Moyen de reconnaître si deux arcs donnés ont
leurs lignes trigonométriques égales chacune à
chacune en grandeur absolue.*

29. Supposons que deux arcs donnés aient
leurs lignes égales chacune à chacune en valeur absolue, et désignons l'un d'eux par α,
l'autre sera compris dans la formule

$$k\pi \pm \alpha \ (\text{n° } \mathbf{26}),$$

et pourra être représenté par $k\pi + \alpha$, ou par

$k\pi - \alpha$. En prenant la différence des deux arcs, dans le premier cas, ou leur somme dans le second, α disparaît, et l'on obtient $k\pi$. Donc, lorsque deux arcs ont leurs lignes trigonométriques égales en valeur absolue, leur différence ou leur somme est un multiple de π (n° 15).

Formules des arcs correspondants à une ligne trigonométrique donnée de grandeur et de signe.

30. Tous les arcs qui se terminent aux extrémités d'un même diamètre, ont identiquement la même tangente et la même cotangente. Or α et $\pi + \alpha$ représentent deux arcs correspondants à deux points diamétralement opposés; en ajoutant $2k\pi$ à chacun d'eux, on obtient les deux expressions

$$2k\pi + \alpha \quad \text{et} \quad (2k + 1)\pi + \alpha,$$

qui renferment tous les arcs correspondants à ces deux mêmes points.

En les réunissant, elles se réduisent à la seule expression $k\pi + \alpha$, qui renferme, aussi bien qu'elles, tous les multiples de π augmentés de α. Ainsi, tous les arcs qui ont la même tangente et la même cotangente sont donnés par la formule

$$k\pi + \alpha,$$

dans laquelle α désigne l'un quelconque d'entre eux.

31. Tous les arcs qui ont la même sécante et le même cosinus se terminent aux extrémités d'une corde, telle que MM' ou NN', perpendiculaire au diamètre mené par l'origine : tels sont les arcs α et $-\alpha$. En ajoutant $2k\pi$ à chacun d'eux, on obtient

$$2k\pi \pm \alpha,$$

pour la formule de tous les arcs qui correspondent à une même sécante ou à un même cosinus.

32. Tous les arcs qui ont le même sinus et la même cosécante se terminent aux extrémités d'une corde, telle que MN ou M'N', parallèle au diamètre mené par l'origine : tels sont les deux arcs α et $\pi - \alpha$ (n° 26). En ajoutant $2k\pi$ à chacun d'eux, nous obtenons les deux expressions

$$2k\pi + \alpha \qquad \text{et} \qquad (2k+1)\pi - \alpha,$$

qui renferment tous les arcs correspondants à un même sinus ou à une même cosécante.

Moyen de reconnaître si deux arcs donnés ont des lignes trigonométriques égales et de même signe.

33. 1°. Si les deux arcs donnés correspondent au même point de la circonférence, ils ont identiquement les mêmes lignes trigonométriques. Soit α l'un de ces arcs, l'autre pourra être désigné par

$$2\,k\,\pi + \alpha \ (\text{n}^{\text{o}}\ \mathbf{17}),$$

et leur différence sera $2\,k\,\pi$. Donc, si la différence des deux arcs donnés est un multiple pair de π ou de 180 degrés, on est certain qu'ils ont absolument les mêmes lignes trigonométriques.

2°. Si les deux arcs se terminent, au contraire, aux extrémités d'un même diamètre, ils ont identiquement la même tangente et la même cotangente (n° **22**). Soit α l'un de ces arcs, l'autre pourra être exprimé par

$$(2\,k + 1)\pi + \alpha,$$

et leur différence sera $(2\,k + 1)\pi$. Donc, quand la différence de deux arcs est un multiple impair de π ou de 180 degrés, ils ont identiquement la même tangente et la même cotangente.

3°. Si les deux arcs donnés aboutissent aux extrémités d'une même corde perpendiculaire au diamètre mené par l'origine, on sait (n° **21**) qu'ils ont le même cosinus et la même sécante. Soit α l'un d'eux, l'autre sera désigné par

$$2k\pi - \alpha,$$

et leur somme sera $2k\pi$. Donc, lorsque la somme de deux arcs est un multiple pair de π, ils ont la même sécante et le même cosinus.

4°. Enfin, quand deux arcs se terminent aux extrémités d'une même corde parallèle au diamètre mené par l'origine, ils ont le même sinus et la même cosécante. Si l'un est exprimé par α, l'autre pourra l'être par

$$(2k + 1)\pi - \alpha \, (\text{n° } \mathbf{17}),$$

et leur somme sera $(2k + 1)\pi$. Donc, si la somme de deux arcs est un multiple impair de π, il en résulte qu'ils ont le même sinus et la même cosécante.

34. En résumé, si la différence ou la somme de deux arcs donnés est divisible par π ou 180 degrés, toutes leurs lignes trigonométriques sont égales chacune à chacune en grandeur absolue. De plus, elles ont toutes respectivement le même signe quand leur différence est un multiple pair de 180 degrés; mais, si elle en est un multiple impair, la tangente et la cotangente seulement ont respectivement le même signe pour les deux arcs. Lorsque leur somme, au contraire, sera un multiple pair de 180 degrés, leur sécante et leur cosinus auront respectivement le même signe; mais, si cette somme est un multiple impair de 180 degrés, le sinus et la cosécante auront seuls le même signe pour les deux arcs.

Il peut arriver que la différence et la somme des deux arcs donnés soient séparément des multiples de 180 degrés. Chacun d'eux sera alors un multiple de $\frac{\pi}{2}$ (*), et aura son extrémité en l'un des quatre points A, C, A′, C′.

Soient x et y les deux arcs, m et n des nombres entiers quelconques; cela posé, distinguons quatre cas :

1°.
$$x - y = 2n\pi,$$
$$x + y = 2m\pi,$$
d'où
$$x = (m + n)\pi,$$
$$y = (m - n)\pi.$$

(*) D'après ce principe facile à démontrer, que si la somme et la différence de deux nombres sont des multiples d'un même facteur, chacun des deux nombres est un multiple exact de la moitié de ce facteur.

c

Donc, si la différence et la somme de deux arcs sont des multiples pairs de π, ils en sont en même temps des multiples pairs ou des multiples impairs, et se terminent conséquemment à la même extrémité du diamètre AA′.

2°.

$$x - y = (2n + 1)\pi,$$
$$x + y = (2m + 1)\pi,$$

d'où

$$x = (m + n + 1)\pi,$$
$$y = (m - n)\pi.$$

Donc, si la différence et la somme de deux arcs sont des multiples impairs de π, l'un d'eux en est un multiple pair et se termine en A, l'autre en est un multiple impair et se termine en A′.

3°.

$$x - y = 2n\pi,$$
$$x + y = (2m + 1)\pi,$$

d'où

$$x = [2(m + n) + 1]\frac{\pi}{2},$$
$$y = [2(m - n) + 1]\frac{\pi}{2}.$$

Donc, si la différence de deux arcs est un multiple pair de π et leur somme un multiple impair, ces deux arcs sont des multiples impairs de $\frac{\pi}{2}$, renfermés en même temps, soit dans la formule

$$(4k + 1)\frac{\pi}{2}$$

3

et se terminent en C, soit dans la formule

$$(4k - 1)\frac{\pi}{2}$$

et se terminent en C'.

4°.
$$x - y = (2n + 1)\pi,$$
$$x + y = 2m\pi,$$

d'où

$$x = [2(m + n) + 1]\frac{\pi}{2},$$
$$y = [2(m - n) - 1]\frac{\pi}{2}.$$

Donc, si la différence de deux arcs est un multiple impair et leur somme un multiple pair de π, ils sont tous deux des multiples impairs de $\frac{\pi}{2}$; l'un est compris dans la formule

$$(4k + 1)\frac{\pi}{2}$$

et se termine en C, l'autre dans la formule

$$(4k - 1)\frac{\pi}{2}$$

et se termine en C'.

Prenons pour exemple un arc de 401 degrés et un autre de 319 degrés. Leur différence n'est pas divisible par 180 degrés, mais leur somme 720 degrés en est un multiple pair; il résulte de la règle précédente qu'ils ont la même sécante et le même cosinus. Leurs autres lignes trigonométriques sont égales aussi chacune à chacune, mais de signes contraires.

35. La même conclusion s'applique à deux arcs tels que x et $-x$, égaux et de signes contraires, car leur somme zéro est un multiple pair de π (n° **15**).

La somme de deux arcs supplémentaires étant égale à un nombre impair de π, ils ont même sinus et même cosécante. Leurs autres lignes trigonométriques sont aussi respectivement égales, mais de signes contraires.

Cette propriété des arcs supplémentaires se représente ainsi :

$$\sin(\pi - x) = \sin x,$$
$$\operatorname{coséc}(\pi - x) = \operatorname{coséc} x,$$
$$\tang(\pi - x) = -\tang x,$$
$$\cot(\pi - x) = -\cot x,$$
$$\operatorname{séc}(\pi - x) = -\operatorname{séc} x,$$
$$\cos(\pi - x) = -\cos x.$$

Le supplément de $\left(\dfrac{\pi}{2} + x\right)$ étant $\left(\dfrac{\pi}{2} - x\right)$,

3.

on aurait pareillement :

$$\sin\left(\frac{\pi}{2}+x\right) = \sin\left(\frac{\pi}{2}-x\right) = \cos x,$$

$$\operatorname{coséc}\left(\frac{\pi}{2}+x\right) = \operatorname{coséc}\left(\frac{\pi}{2}-x\right) = \operatorname{séc} x,$$

$$\tan g\left(\frac{\pi}{2}+x\right) = -\tan g\left(\frac{\pi}{2}-x\right) = -\cot x,$$

$$\cot\left(\frac{\pi}{2}+x\right) = -\cot\left(\frac{\pi}{2}-x\right) = -\tan g\, x,$$

$$\operatorname{séc}\left(\frac{\pi}{2}+x\right) = -\operatorname{séc}\left(\frac{\pi}{2}-x\right) = -\operatorname{coséc} x,$$

$$\cos\left(\frac{\pi}{2}+x\right) = -\cos\left(\frac{\pi}{2}-x\right) = -\sin x.$$

Réduction d'un arc au premier quadrant.

36. Réduire un arc au premier quadrant, c'est trouver un arc, tel que AM, compris entre o et 90 degrés, qui ait ses lignes trigono-métriques égales en grandeur absolue à celles de l'arc donné. Il existe toujours un tel arc pour tout arc donné ; car, en partant de celui-ci, et construisant le rectangle MNN'M' correspon-dant à cet arc (n° **26**), il aura nécessairement un sommet M dans le premier quadrant, d'où résultera l'arc cherché AM. Si l'arc donné est exprimé en degrés, ou rapporté au rayon, on le divisera par 180 degrés, ou par π, et l'on prendra, pour le résultat cherché, le reste de la division ou son supplément, suivant que 'l'un ou l'autre sera plus petit que 90 degrés ou $\frac{\pi}{2}$.

Désignons, en effet, l'arc cherché par α; l'arc donné sera représenté par $k\pi + \alpha$, ou par $k\pi - \alpha$ (n° **26**) : dans le premier cas, on déduira α de l'arc donné $k\pi + \alpha$, en supprimant $k\pi$, c'est-à-dire le plus grand multiple de π contenu dans celui-ci ; dans le second cas, l'arc $k\pi - \alpha$ pourra s'écrire

$$(k - 1)\pi + \pi - \alpha, \qquad \text{ou} \qquad k'\pi + \alpha',$$

en faisant

$$k - 1 = k' \qquad \text{et} \qquad \pi - \alpha = \alpha'.$$

Supprimant encore $k'\pi$, ou le plus grand multiple de π contenu dans $k'\pi + \alpha'$, on aura α', qui est le supplément de l'arc cherché ; et, comme α est toujours plus petit que 90 degrés, son supplément surpassera toujours 90 degrés : c'est le caractère auquel on reconnaîtra que le reste représente l'arc cherché ou son supplément.

Je veux, par exemple, réduire au premier quadrant un arc représenté par — 1029°.

D'abord, il n'y aura pas à s'occuper du signe

de l'arc donné, puisque deux arcs égaux et de signes contraires ont leurs lignes trigonomé- triques égales chacune à chacune en valeur absolue (n° **34**), et conduisent conséquemment au même résultat.

Je divise donc 1029° par 180°, et comme le reste 129 degrés surpasse 90 degrés, j'en prends le supplément, 51 degrés, pour l'arc cherché.

Je vois, de plus, que l'arc de — 1029° a toutes ses lignes positives, et absolument identiques avec les lignes de celui de 51°, puisque la diffé- rence, 1080°, de ces deux arcs, étant un mul- tiple pair de 180°, ils se terminent au même point de la circonférence (n° **34**).

CHAPITRE DEUXIÈME.

SUR LES PROJECTIONS.

Définitions.

37. On appelle *projection d'un point sur une droite* le pied de la perpendiculaire abaissée du point sur la droite.

La projection d'une droite sur une autre est la distance comprise entre les projections des extrémités de la première sur la seconde.

Expression de la projection d'une droite sur un axe fixe.

38. Soit toujours le rayon OM (*fig.* 1) égal à l'unité ; représentons par x l'angle AOM (ou l'arc AM) que la direction OM fait avec la direction fixe OA. Supposons de plus que, pendant qu'un mobile décrit le rayon OM, un autre suive la projection du premier sur OA : quand le premier sera venu en OM, le second aura

décrit le cosinus OP de l'arc AM; mais si le
premier décrit le rayon ON, le second, au lieu
d'aller de O vers A, marchera de O vers A', et
décrira le cosinus négatif OP' de l'angle obtus
AON; en sorte que non-seulement cos x représente la grandeur de la projection du rayon
mené par l'extrémité de l'arc, mais il indique
de plus, par son signe, de quel côté elle doit
être portée, à partir du centre, sur le diamètre
AA'. Si la droite OM ou ON, au lieu d'être égale
à l'unité, avait une longueur quelconque dési-
gnée par a, sa projection sur l'axe fixe OA, ou
sur une direction parallèle à cet axe, serait
$a \cos x$. Ainsi, dans tous les cas, la projection
d'une droite sur un axe fixe est représentée, en
grandeur et en signe, par la longueur absolue de cette droite, multipliée par le cosinus de
l'angle que fait sa direction avec celle de l'axe
fixe.

Théorème sur les projections des lignes polygonales.

39. Toute ligne polygonale a la même projection sur un axe fixe que la droite qui joint
ses deux extrémités.

Soient a, b, c, d les côtés d'une ligne polygonale ABCDM, qu'on suppose décrite par un

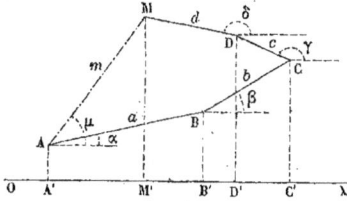

mobile qui va de A en M, et α, β, γ, δ (*) les
angles que font les directions de ces côtés avec
un axe fixe OX. D'après le numéro précédent,
les projections des côtés sur l'axe fixe seront
exprimées par $a \cos \alpha$, $c \cos \beta$, $c \cos \gamma$, $d \cos \delta$;
en sorte que la projection de la ligne polygo-
nale ABCDM sera représentée par la somme

$$a \cos \alpha + b \cos \beta + c \cos \gamma + d \cos \delta,$$

dans laquelle les deux derniers termes sont négatifs, puisque les angles obtus γ et δ ont leurs
cosinus négatifs. Cette somme égale donc

$$A'B' + B'C' - C'D' - D'M', \quad \text{ou} \quad A'M',$$

qui est aussi la projection de la droite AM.
Ainsi, toute ligne polygonale ABCDM a la même
projection sur un axe fixe que la droite qui
joint ses deux extrémités.

(*) Lettres grecques qui s'énoncent *alpha*, *béta*, *gamma*,
delta.

Désignons par *m* le côté AM, et par μ (*) l'angle qu'il fait avec une parallèle à l'axe OX, le théorème précédent se formulera ainsi

$$m\cos\mu = a\cos\alpha + b\cos\beta + c\cos\gamma + d\cos\delta.$$

REMARQUE.

40. Si les deux points A et M se réunissaient en un seul, la projection de la droite qui les joint serait évidemment nulle, et il en serait de même de la projection de la ligne polygonale, qui, dans ce cas, serait fermée.

(*) μ est une lettre grecque qui se prononce *mu*.

CHAPITRE TROISIÈME.

FORMULES PRINCIPALES DE LA TRIGONOMÉTRIE.

———

Relations entre les lignes trigonométriques d'un même arc.

41. Ces relations, au nombre de cinq, sont

(1) $$\sin^2 x + \cos^2 x = 1,$$

(2) $$\tan g\, x = \frac{\sin x}{\cos x},$$

(3) $$\cot x = \frac{\cos x}{\sin x},$$

(4) $$\sec x = \frac{1}{\cos x},$$

(5) $$\csc x = \frac{1}{\sin x}.$$

La première est fournie par le triangle rectangle OMP (*fig.* 1), dont les côtés représentent le rayon, le sinus et le cosinus de l'arc AM, que nous désignons par x. Comme le rayon est toujours pris pour unité, ce triangle donne

$$\sin^2 x + \cos^2 x = 1.$$

La seconde se déduit des triangles semblables OPM et OAT, qui donnent

$$\frac{AT}{OA} = \frac{MP}{OP}, \quad ou \quad \tang x = \frac{\sin x}{\cos x}.$$

Les mêmes triangles donnent encore

$$\frac{OT}{OA} = \frac{OM}{OP}, \quad ou \quad séc\, x = \frac{1}{\cos x}.$$

Enfin, les triangles OHM et OCR étant aussi
semblables, on a

$$\frac{CR}{OC} = \frac{HM}{OH}, \quad ou \quad \cot x = \frac{\cos x}{\sin x},$$

et

$$\frac{OR}{OC} = \frac{OM}{OH}, \quad ou \quad coséc\, x = \frac{1}{\sin x},$$

L'emploi des projections (Chapitre II) con-
duirait aux mêmes formules. Ainsi, la projection
de la sécante OT sur OA égale l'unité, ce qui
donne

$$séc\, x \cos x = 1; \quad ou \quad séc\, x = \frac{1}{\cos x}.$$

De même, en projetant la sécante sur la tangente, on a

$$\tang x = séc\, x \cos OTA.$$

Mais le cosinus de l'angle OTA égale le sinus de l'arc x, qui en est le complément, et $séc\, x = \dfrac{1}{\cos x}$; donc

$$\tan x = \frac{1}{\cos x} \sin x, \quad \text{ou} \quad \tan x = \frac{\sin x}{\cos x}.$$

En projetant la cosécante OR successivement sur le rayon OC et sur la cotangente CR, on trouverait pareillement

$$\operatorname{coséc} x = \frac{1}{\sin x} \quad \text{et} \quad \cot x = \frac{\cos x}{\sin x}.$$

Enfin les deux relations

$$\tan x = \frac{\sin x}{\cos x} \quad \text{et} \quad séc\, x = \frac{1}{\cos x},$$

une fois établies, on pourrait en déduire les deux autres :

$$\cot x = \frac{\cos x}{\sin x} \quad \text{et} \quad \operatorname{coséc} x = \frac{1}{\sin x}.$$

Pour cela, on remplacerait x par $\frac{\pi}{2} - x$ dans les deux premières; ce qui donnerait

$$\tan\left(\frac{\pi}{2} - x\right) = \frac{\sin\left(\frac{\pi}{2} - x\right)}{\cos\left(\frac{\pi}{2} - x\right)},$$

et

$$\sec\left(\frac{\pi}{x} - x\right) = \frac{1}{\cos\left(\frac{\pi}{2} - x\right)},$$

ou

$$\cot x = \frac{\cos x}{\sin x} \quad \text{et} \quad \csc x = \frac{1}{\sin x}.$$

Généralisation des formules précédentes.

42. Les cinq relations que nous venons d'établir se rapportaient à un arc qui, ayant son extrémité en M dans le premier quadrant, avait aussi toutes ses lignes trigonométriques positives. Il importe donc de faire voir que ces relations existeront aussi bien pour un arc qui, se terminant en un point quelconque des trois autres quadrants, aura quatre de ses lignes trigonométriques négatives.

D'abord, il n'y a pas à se préoccuper des signes qui entrent dans la formule (1), puisque leurs carrés sont toujours positifs.

Ensuite, quel que soit le quadrant dans lequel se termine l'arc donné, on pourra toujours, comme le montre la *fig.* 1, construire des triangles qui donneront, entre les longueurs absolues de leurs côtés, les quatre autres relations établies plus haut. Il reste donc à prouver que les signes des lignes qui entrent dans ces formules seront toujours tels, que les deux membres de chacune de celles-ci deviendront en même temps positifs ou négatifs.

A cet effet, remarquons d'abord que, pour les arcs correspondants au troisième quadrant, les deux membres de chacune des formules

$$\tan g\, x = \frac{\sin x}{\cos x} \quad \text{et} \quad \cot x = \frac{\cos x}{\sin x}$$

sont toujours positifs, puisque, d'une part, les tangentes et les cotangentes de ces arcs sont positives, et que, d'autre part, leurs sinus et leurs cosinus étant négatifs, leurs quotients ne peuvent être que positifs. Pour un arc correspondant au second ou au quatrième quadrant, la tangente et la cotangente sont au contraire négatives; mais son sinus et son cosinus étant alors de signes contraires, leur quotient est aussi négatif, en sorte que, dans ce cas, les deux membres des formules

$$\tan g\, x = \frac{\sin x}{\cos x} \quad \text{et} \quad \cot x = \frac{\cos x}{\sin x}$$

sont en même temps négatifs.

Quant aux deux formules

$$\sec x = \frac{1}{\cos x} \quad \text{et} \quad \csc \frac{1}{\sin x},$$

il est clair que leurs deux membres ne pour-
ront jamais être affectés de signes contraires,
puisque la sécante et le cosinus d'un arc quelconque ont toujours le même signe, ainsi que
son sinus et sa cosécante (n° **24**).

Lignes inverses d'un même arc.

43. La formule

$$\sec x = \frac{1}{\cos x}, \quad \text{ou} \quad \sec x \cos x = 1,$$

prouve que la sécante et le cosinus d'un même
arc sont réciproques ou inverses (*) l'une de
l'autre. La formule

$$\operatorname{coséc} x = \frac{1}{\sin x}$$

montre pareillement que le sinus et la cosécante d'un même arc sont deux lignes réciproques l'une de l'autre.

En multipliant membre à membre les formules

$$\tan x = \frac{\sin x}{\cos x} \quad \text{et} \quad \cot x = \frac{\cos x}{\sin x},$$

(*) On appelle ainsi deux quantités dont le produit égale
l'unité; chacune d'elles a pour valeur l'unité divisée par
l'autre.

on obtient cette relation

$$\operatorname{tang} x \cot x = 1,$$

qui fait voir que la tangente et la cotangente de tout arc sont aussi réciproques l'une de l'autre.

Les six lignes trigonométriques d'un même arc forment donc trois couples de lignes réciproques ; et, comme le produit de deux lignes réciproques égale l'unité, on pourra toujours l'égaler au produit de deux autres lignes inverses, soit du même arc, soit de tout autre arc.

On aura donc évidemment

$$\operatorname{tang} x \cot x = \operatorname{tang} y \cot y, \quad \text{ou} \quad \frac{\operatorname{tang} x}{\operatorname{tang} y} = \frac{\cot y}{\cot x};$$

on aurait de même

$$\sin x \operatorname{coséc} x = \operatorname{tang} y \cot y, \quad \text{ou} \quad \frac{\sin x}{\cot y} = \frac{\operatorname{tang} y}{\operatorname{coséc} x}.$$

En d'autres termes, le rapport $\frac{a}{b}$ de deux lignes trigonométriques quelconques de deux arcs différents pourra toujours être remplacé par le rapport $\frac{b'}{a'}$ de deux autres lignes des mêmes arcs, si a' et b' sont les réciproques de a et b, puisque alors on a

$$\frac{a}{b} = \frac{b'}{a'};$$

4

ainsi, l'on pourra remplacer $\dfrac{\tang x}{\coséc y}$ par $\dfrac{\sin y}{\cot x}$, puisque

$$\tang x \cot x = \sin y \coséc y = 1.$$

Autres formules qui se déduisent des précédentes.

44. La formule

$$\tang x = \frac{\sin x}{\cos x}$$

devient

$$\tang^2 x = \frac{\sin^2 x}{\cos^2 x},$$

quand on élève ses deux membres au carré. Si l'on ajoute ensuite l'unité à chacun d'eux, on a

$$1 + \tang^2 x = 1 + \frac{\sin^2 x}{\cos^2 x},$$

ou

$$1 + \tang^2 x = \frac{\sin^2 x + \cos^2 x}{\cos^2 x}.$$

Remplaçant maintenant $\sin^2 x + \cos^2 x$ par l'unité, il vient

$$1 + \tang^2 x = \frac{1}{\cos^2 x},$$

ou

$$1 + \tang^2 x = \séc^2 x,$$

puisque

$$\sec x = \frac{1}{\cos x}.$$

Le triangle OAT donne immédiatement la même formule, car

$$\overline{OA}^2 + \overline{AT}^2 = \overline{OT}^2, \quad \text{ou} \quad 1 + \tan g^2 x = \sec^2 x.$$

On trouverait de même par le calcul, ou l'on déduirait du triangle OCR, la formule

$$1 + \cot^2 x = \cos\acute{e}c^2 x.$$

On pourrait aussi la tirer de la formule

$$1 + \tan g^2 x = \sec^2 x,$$

en y remplaçant x par $\frac{\pi}{2} - x$; ce qui donnerait

$$1 + \tan g^2 \left(\frac{\pi}{2} - x \right) = \sec^2 \left(\frac{\pi}{2} - x \right),$$

ou

$$1 + \cot^2 x = \cos\acute{e}c^2 x.$$

Expression des lignes trigonométriques d'un même arc en fonction de l'une quelconque d'entre elles.

45. Une des six lignes trigonométriques d'un arc étant donnée, les relations du n° **44**

4.

permettent de calculer les valeurs des cinq
autres.

D'abord, en divisant l'unité par la valeur de
la ligne donnée, on obtiendra immédiatement
celle de son inverse (n° 43), qui aura évidemment le même signe qu'elle.

Le calcul algébrique donnera ensuite, pour
chacune des quatre autres lignes, deux valeurs
égales et de signes contraires, et en voici la
raison. Lorsqu'une ligne trigonométrique est
donnée en grandeur et en signe, elle n'appartient pas à un seul arc, mais bien à tous les
arcs correspondants à deux points de la circonférence (n° 30). La ligne inverse de celle qui est
donnée a pour ces deux points le même signe
qu'elle; mais les quatre autres ont pour les
mêmes points des signes contraires. Or, quand
bien même on donnerait l'arc en même temps
que la ligne trigonométrique, celle-ci entrant
seule dans le calcul algébrique qui conduit à
la valeur des autres, le résultat de ce calcul ne
peut dépendre que de cette ligne, et doit, par
conséquent, convenir à tous les arcs auxquels
elle appartient; et, comme tous ces arcs aboutissent à deux points différents de la circonférence, la valeur positive fournie par le calcul
correspondra à l'un de ces points, et la négative à l'autre.

Supposons, par exemple, qu'on donne $\sin a$. On aura d'abord

$$\operatorname{coséc} a = \frac{1}{\sin a}.$$

Ensuite la formule

$$\sin^2 x + \cos^2 x = 1$$

donnera

$$\cos^2 a = 1 - \sin^2 a,$$

ou, en extrayant la racine carrée,

$$\cos a = \pm \sqrt{1 - \sin^2 a}.$$

Portant ensuite cette valeur de $\cos a$ dans les formules

$$\tang a = \frac{\sin a}{\cos a}, \qquad \cot a = \frac{\cos a}{\sin a}$$

et

$$\operatorname{séc} a = \frac{1}{\cos a},$$

on obtient

$$\tang a = \pm \frac{\sin a}{\sqrt{1 - \sin^2 a}}, \qquad \cot a = \pm \frac{\sqrt{1 - \sin^2 a}}{\sin a}$$

et

$$\operatorname{séc} a = \pm \frac{1}{\sqrt{1 - \sin^2 a}}.$$

46. Tous les arcs correspondants au sinus donné aboutissent à deux points de la circonférence. La cosécante a pour tous ces arcs une seule valeur, de même signe que le sinus donné; mais chacune des quatre autres a deux valeurs égales et de signes contraires, entre lesquelles il faudrait choisir, si l'arc a était connu, ou si l'on savait seulement dans quel quadrant il a son extrémité.

Supposons que l'arc a soit négatif et compris entre $-110°$ et $-140°$; on en conclut qu'il se termine dans le troisième quadrant, et que sa tangente et sa cotangente sont seules positives. Gardons-nous néanmoins de choisir entre les valeurs trouvées plus haut celles qui ont le signe $+$ et n'écrivons pas

$$\tan a = + \frac{\sin a}{\sqrt{1 - \sin^2 a}},$$

ni

$$\cot a = + \frac{\sqrt{1 - \sin^2 a}}{\sin a};$$

car le sinus d'un arc correspondant au troisième quadrant étant négatif, il faudra écrire

$$\tan a = - \frac{\sin a}{\sqrt{1 - \sin^2 a}}$$

et

$$\cot a = - \frac{\sqrt{1 - \sin^2 a}}{\sin a},$$

pour que $\tan g\,a$ et $\cot a$ aient des valeurs positives.

47. Proposons-nous, en second lieu, d'exprimer les lignes trigonométriques d'un arc en fonction de la tangente.

On aura immédiatement

$$\cot a = \frac{1}{\tan g\,a};$$

ensuite la formule

$$\sec^2 a = 1 + \tan g^2 a$$

donne

$$\sec a = \pm\sqrt{1 + \tan g^2 a}.$$

Remplaçant maintenant $\cot a$ par $\frac{1}{\tan g\,a}$ dans la relation

$$\csc^2 a = 1 + \cot^2 a,$$

il vient

$$\csc^2 a = 1 + \frac{1}{\tan g^2 a} = \frac{1 + \tan g^2 a}{\tan g^2 a},$$

d'où

$$\csc a = \pm\frac{\sqrt{1 + \tan g^2 a}}{\tan g\,a}.$$

Prenant enfin les inverses des valeurs qui viennent d'être trouvées pour $\sec a$ et $\csc a$, on aura

$$\cos a = \pm \frac{1}{\sqrt{1 + \tang^2 a}}$$

et

$$\sin a = \pm \frac{\tang a}{\sqrt{1 + \tang^2 a}}.$$

Si l'on voulait supposer, comme dans le premier cas, que l'arc dont la tangente est donnée, a son extrémité dans le troisième quadrant, sa tangente et sa cotangente seraient seules positives. On ne conserverait donc qu'un signe pour chaque ligne trigonométrique, et l'on écrirait

$$\cot a = \frac{1}{\tang a}, \quad \sec a = -\sqrt{1 + \tang^2 a},$$

$$\coséc a = -\frac{\sqrt{1 + \tang^2 a}}{\tang a}, \quad \cos a = -\frac{1}{\sqrt{1 + \tang^2 a}},$$

et

$$\sin a = -\frac{\tang a}{\sqrt{1 + \tang^2 a}}.$$

Expression des lignes trigonométriques de la somme et de la différence de deux arcs, en fonction de celles de ces arcs.

48. Nous établirons d'abord les quatre for-

mulès

$$\sin(a+b) = \sin a \cos b + \sin b \cos a,$$
$$\sin(a-b) = \sin a \cos b - \sin b \cos a,$$
$$\cos(a+b) = \cos a \cos b - \sin a \sin b,$$
$$\cos(a-b) = \cos a \cos b + \sin a \sin b,$$

qui donnent, comme on le voit, le sinus et le cosinus de la somme et de la différence de deux arcs, en fonction des sinus et des cosinus de ces arcs.

Soient, pour cela, a et b deux arcs quelconques. Supposons-les portés sur la circonférence, le premier à partir de l'origine A et le

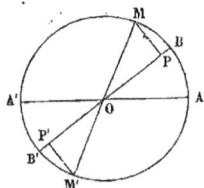

second à partir de l'extrémité B du premier, chacun, du reste, dans le sens indiqué par son signe. Abaissons ensuite, de l'extrémité M du second, la perpendiculaire MP sur le diamètre mené par l'extrémité B du premier.

Cela fait, le rayon OM devra avoir, sur la direction OA, la même projection que la ligne brisée OPM (n° **39**). Or la projection du rayon OM sur OA est $\cos(a+b)$ (n° **58**), celle de OP est OP $\cos a$. Pour obtenir la projection de PM sur l'axe OA, je remarque que OB faisant, avec la direction de cet axe, l'angle désigné par a, la direction PM, perpendiculaire à OB, fera, avec le même axe, un angle égal à $\frac{\pi}{2}+a$. La projection de PM sur OA sera donc

$$\text{PM}\cos\left(\frac{\pi}{2}+a\right);$$

mais le cosinus de $\frac{\pi}{2}+a$ égale le sinus de son complément qui est $-a$, et

$$\sin(-a)=-\sin a \ (\text{n° } \mathbf{34}).$$

Par suite

$$\text{PM}\cos\left(\frac{\pi}{2}+a\right)=-\text{PM}\sin a;$$

donc la projection de la ligne brisée OPM a pour expression

OP $\cos a$ — PM $\sin a$, ou $\cos b \cos a - \sin b \sin a$,

en remplaçant OP par $\cos b$ et PM par $\sin b$. Égalons cette projection à celle du rayon OM, qui est $\cos(a+b)$, et nous aurons la formule

$$\cos(a+b)=\cos a \cos b - \sin a \sin b.$$

49. Nous avons trouvé cette formule d'après
le principe du n° **39**, qui donne l'expression
de la projection d'une ligne polygonale. Dans
cette expression, les cosinus des angles ont
bien été pris avec leurs signes respectifs, mais
les côtés y ont tous été supposés positifs; tandis
que, dans le cas actuel, les côtés OP et PM,
qui représentent le cosinus et le sinus de l'arc b,
peuvent devenir négatifs. Il importe donc de
prouver que cette circonstance ne modifiera
pas la formule que nous venons d'établir. Nous
y arriverons facilement en remarquant : 1° qu'on
n'altère nullement une égalité en changeant
les signes de deux facteurs d'un même terme;
2° que si l'on fait faire un demi-tour à la direction positive d'une droite qui forme, avec l'axe
OA, un angle désigné par a, elle viendra s'ap-
pliquer sur la direction négative opposée, qui
fera ainsi, avec le même axe, un angle égal à
$\pi + a$.

Or, quand les arcs a et b se termineront
respectivement en B et M',

$$\cos b = - \text{OP}' \quad \text{et} \quad \sin b = - \text{P}'\text{M}'$$

seront négatifs; la ligne brisée OPM deviendra
OP'M', et sa projection $\text{OP} \cos a - \text{PM} \sin a$
se changera en

$$\text{OP}' \cos(\pi + a) - \text{P}'\text{M}' \sin(\pi + a),$$

d'après notre seconde remarque, ou en

$$- \text{OP}' \times - \cos(\pi + a) - \text{P}'\text{M}' \sin(\pi + a),$$

d'après la première. Remplaçons maintenant — OP′ par $\cos b$, — PM′ par $\sin b$, — $\cos(\pi+a)$ par $\cos a$, et $\sin(\pi + a)$ par — $\sin a$, il viendra

$$\cos b \cos a - \sin a \sin b.$$

Comme d'ailleurs le rayon OM′ fait toujours avec l'axe OA l'angle $(a + b)$, sa projection sur cet axe est toujours $\cos(a + b)$. On a donc encore

$$\cos(a + b) = \cos a \cos b - \sin a \sin b.$$

50. Pour avoir l'expression de $\cos(a - b)$, nous remplacerons b par $- b$ dans cette dernière formule. Cette substitution ne modifiera pas le terme $\cos a \cos b$, parce que

$$\cos(- b) = \cos b \ (\text{n}^\circ \textbf{35});$$

mais, comme

$$\sin(- b) = - \sin b,$$

le terme $- \sin a \sin b$ changera de signe, et la formule deviendra

$$\cos(a - b) = \cos a \cos b + \sin a \sin b.$$

La valeur de $\sin(a + b)$ se déduira de celle

que nous venons de trouver pour $\cos(a - b)$.

Mettons-y pour cela $\frac{\pi}{2} - a$ à la place de a, et nous aurons

$$\cos\left(\frac{\pi}{2} - a - b\right) = \cos\left(\frac{\pi}{2} - a\right)\cos b + \sin\left(\frac{\pi}{2} - a\right)\sin b;$$

mais au lieu du cosinus de l'arc $\frac{\pi}{2} - a - b$, on peut mettre le sinus de son complément $a + b$; on remplacera de même $\cos\left(\frac{\pi}{2} - a\right)$ et $\sin\left(\frac{\pi}{2} - a\right)$ par $\sin a$ et $\cos a$, ce qui donnera

$$\sin(a + b) = \sin a \cos b + \sin b \cos a.$$

Substituons enfin $- b$ à b dans cette dernière formule; le dernier terme changera seul de signe, parce que

$$\sin(- b) = - \sin b,$$

et l'on aura

$$\sin(a - b) = \sin a \cos b - \sin b \cos a.$$

Du reste, les deux formules qui donnent les valeurs du sinus et du cosinus de la somme de ces arcs, étant vraies quels que soient ces arcs, si l'on y suppose b négatif, elles donnent, sans changer de forme, les valeurs du sinus et du cosinus de la différence de deux arcs.

51. Ces formules une fois trouvées, on peut en déduire les valeurs des autres lignes trigonométriques de l'arc $(a + b)$.

Par exemple, pour avoir $\tang(a + b)$, on les divisera l'une par l'autre, et l'on aura

$$\frac{\sin(a + b)}{\cos(a + b)} = \frac{\sin a \cos b + \sin b \cos a}{\cos a \cos b - \sin a \sin b}.$$

Remplaçant maintenant le premier membre par $\tang(a + b)$, et divisant tous les termes du second par $\cos a \cos b$, il vient

$$\tang(a + b) = \frac{\dfrac{\sin a \cos b}{\cos a \cos b} + \dfrac{\sin b \cos a}{\cos b \cos a}}{\dfrac{\cos a \cos b}{\cos a \cos b} - \dfrac{\sin a \sin b}{\cos a \cos b}},$$

ou

$$\tang(a + b) = \frac{\dfrac{\sin a}{\cos a} + \dfrac{\sin b}{\cos b}}{1 - \dfrac{\sin a}{\cos a} \cdot \dfrac{\sin b}{\cos b}},$$

ou enfin

$$\tang(a + b) = \frac{\tang a + \tang b}{1 - \tang a \, \tang b}.$$

Cette formule donne, comme on le voit, la tangente de la somme de deux arcs en fonction des tangentes de ces deux arcs.

Si nous y remplaçons b par $- b$, elle deviendra

$$\operatorname{tang}(a - b) = \frac{\operatorname{tang} a - \operatorname{tang} b}{1 + \operatorname{tang} a \operatorname{tang} b}.$$

52. On obtiendrait facilement les valeurs de $\cot(a \pm b)$, séc$(a \pm b)$ et coséc$(a \pm b)$, en remarquant que la cotangente, la sécante et la cosécante d'un arc quelconque sont toujours les inverses de la tangente, du cosinus et du sinus du même arc.

· Enfin, on déduirait les lignes trigonométriques de la somme de trois arcs, en remplaçant b par $b + c$ dans les valeurs de celles de la somme de deux arcs; puis, au moyen des mêmes formules, on développerait $\sin(a + b)$, $\cos(a + b)$, etc., qui se seraient introduits dans les seconds membres.

53. Comme application des formules

$$\sin(a + b) = \sin a \cos b + \sin b \cos a,$$
$$\cos(a + b) = \cos a \cos b - \sin a \sin b,$$

nous en déduirons les deux suivantes :

$$\sin\left(\frac{\pi}{2} + x\right) = \cos x,$$
$$\cos\left(\frac{\pi}{2} + x\right) = - \sin x.$$

Il suffit, en effet, de faire, dans les premières,

$a = \dfrac{\pi}{2}$ et $b = x$, puis d'observer qu'on a

$$\sin \frac{\pi}{2} = 1, \quad \text{et} \quad \cos \frac{\pi}{2} = 0.$$

REMARQUE.

54. Tang $(a + b)$ est exprimée rationnellement, c'est-à-dire sans aucun radical, en fonction de tang a et tang b; cot $(a + b)$ le serait pareillement en fonction de cot a et cot b. On voit, au contraire, qu'en mettant $\sqrt{1 - \sin^2 a}$ et $\sqrt{1 - \sin^2 b}$, au lieu de cos a et cos b, dans la valeur de sin $(a + b)$, elle renfermerait des radicaux dans son expression en fonction de sin a et sin b; cos $(a + b)$ ne pourrait pas non plus s'exprimer sans radicaux en fonction de cos a et cos b. On peut rendre raison de cette différence, et dire d'avance combien le calcul donnera de valeurs pour les lignes trigonométriques de la somme de deux arcs, suivant qu'on connaîtra telle ou telle ligne de chacun de ces arcs.

Remarquons d'abord qu'en donnant deux lignes non réciproques (n° 45) de chacun des arcs, le point où il se termine ainsi que le point où se termine leur somme sont parfaitement déterminés, aussi bien que toutes leurs lignes trigonométriques, dont la valeur s'exprime alors sans aucun radical. Mais si l'on ne donne qu'une ligne trigonométrique, les arcs correspondants se termineront en deux points différents, et l'expression de la somme de deux arcs correspondants à deux lignes données renfermera des arcs qui se termineront en quatre points. Par exemple, si l'on donne sin a et sin b, les arcs correspondants à ces lignes seront compris dans les formules

$$2k\pi + a, \qquad (2k+1)\pi - a,$$
$$2k\pi + b, \qquad (2k+1)\pi - b.$$

La somme de deux arcs correspondants aux deux lignes données appartiendra à l'une des quatre expressions

$$2k\pi + (a+b), \qquad 2k\pi - (a+b),$$
$$(2k+1)\pi + (a-b), \qquad (2k+1)\pi - (a-b),$$

qui représentent des arcs terminés en quatre points, tels que M, M', N, N' symétriques deux à deux par rapport

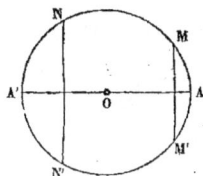

au diamètre mené par l'origine. Le cosinus et la sécante de l'arc $(a+b)$, calculés d'après sin a et sin b, auront donc deux valeurs différentes, tandis que les quatre autres lignes trigonométriques en auront quatre, deux à deux égales et de signes contraires (n° **31**).

Si l'on donnait tang a ou cot a avec tang b ou cot b, on trouverait une seule valeur pour tang $(a+b)$ et cot $(a+b)$, mais deux valeurs égales et de signes contraires pour les quatre autres lignes trigonométriques, parce qu'elles se rapporteraient à des arcs correspondants à deux points diamétralement opposés. Ce cas et les autres, assez nom-

5

breux, se discuteraient comme le premier que nous avons examiné.

Multiplication des arcs.

55. Cette opération a pour but de trouver les lignes trigonométriques des multiples d'un arc en fonction de celles de cet arc.

Proposons-nous d'abord d'exprimer les lignes trigonométriques de $2a$ au moyen de celles de l'arc a. Reprenons pour cela les formules

$$\sin(a+b) = \sin a \cos b + \sin b \cos a,$$
$$\cos(a+b) = \cos a \cos b - \sin a \sin b,$$
$$\tang(a+b) = \frac{\tang a + \tang b}{1 - \tang a \tang b}.$$

Si nous y faisons $b = a$, elles deviennent

$$\sin 2a = 2 \sin a \cos a,$$
$$\cos 2a = \cos^2 a - \sin^2 a,$$
$$\tang 2a = \frac{2 \tang a}{1 - \tang^2 a}.$$

56. La formule

$$\cos 2a = \cos^2 a - \sin^2 a$$

se transforme en

$$\cos 2a = 1 - 2\sin^2 a,$$

ou en

$$\cos 2a = 2\cos^2 a - 1,$$

suivant qu'on y remplace $\cos^2 a$ par $1 - \sin^2 a,$ ou $\sin^2 a$ par $1 - \cos^2 a.$

On obtiendrait séc $2a$, coséc $2a$, cot $2a$, en prenant les valeurs réciproques de celles que nous venons de trouver pour $\cos 2a$, $\sin 2a$ et tang $2a$.

57. Calculons encore les lignes trigonométriques du triple de l'arc a.

En faisant $b = 2a$ dans la formule

$$\sin(a + b) = \sin a \cos b + \sin b \cos a,$$

on a

$$\sin 3a = \sin a \cos 2a + \sin 2a \cos a.$$

Remplaçant maintenant $\sin 2a$ par $2\sin a \cos a$, et $\cos 2a$ par $1 - 2\sin^2 a$, il vient

$$\sin 3a = \sin a (1 - 2\sin^2 a) + 2\sin a \cos^2 a :$$

mais

$$\sin a (1 - 2\sin^2 a) = \sin a - 2\sin^3 a,$$

et

$$2\sin a \cos^2 a = 2\sin a (1 - \sin^2 a)$$
$$= 2\sin a - 2\sin^3 a ;$$

5.

donc

$$\sin 3a = \sin a - 2\sin^3 a + 2\sin a - 2\sin^3 a,$$

ou

$$\sin 3a = 3\sin a - 4\sin^3 a.$$

La formule

$$\cos(a + b) = \cos a \cos b - \sin a \sin b,$$

lorsqu'on y fait aussi $b = 2a$, donne pareillement

$$\cos 3a = \cos a \cos 2a - \sin a \sin 2a.$$

Remplaçant $\cos 2a$ par $2\cos^2 a - 1$, et $\sin 2a$ par $2\sin a \cos a$, on obtient

$$\cos 3a = \cos a (2\cos^2 a - 1)$$
$$- \sin a \times 2\sin a \cos a,$$

ou

$$\cos 3a = 2\cos^3 a - \cos a - 2\cos a \sin^2 a.$$

Le facteur $\sin^2 a$ peut se remplacer par $1 - \cos^2 a$ dans le dernier terme, qui devient ainsi

$$- 2\cos a (1 - \cos^2 a),$$

ou

$$- 2\cos a + 2\cos^3 a,$$

et l'égalité devient elle-même

$$\cos 3a = 2\cos^3 a - \cos a - 2\cos a + 2\cos^3 a,$$

ou

$$\cos 3a = 4\cos^3 a - 3\cos a.$$

Enfin, la même hypothèse $b = 2a$, introduite dans la formule

$$\operatorname{tang}(a + b) = \frac{\operatorname{tang} a + \operatorname{tang} b}{1 - \operatorname{tang} a \operatorname{tang} b},$$

la transforme en

$$\operatorname{tang} 3a = \frac{\operatorname{tang} a + \operatorname{tang} 2a}{1 - \operatorname{tang} a \operatorname{tang} 2a},$$

dans laquelle $\operatorname{tang} 2a$ se remplacera par sa valeur $\frac{2 \operatorname{tang} a}{1 - \operatorname{tang}^2 a}$. Au moyen de cette substitution, le numérateur $\operatorname{tang} a + \operatorname{tang} 2a$ deviendra

$$\operatorname{tang} a + \frac{2 \operatorname{tang} a}{1 - \operatorname{tang}^2 a},$$

ou

$$\frac{\operatorname{tang} a - \operatorname{tang}^3 a + 2 \operatorname{tang} a}{1 - \operatorname{tang}^2 a},$$

ou encore

$$\frac{3 \operatorname{tang} a - \operatorname{tang}^3 a}{1 - \operatorname{tang}^2 a}.$$

Par la même substitution de $\frac{2 \operatorname{tang} a}{1 - \operatorname{tang}^2 a}$ à la place de tang $2a$ dans le dénominateur

$$1 - \text{tang}\,a \, \text{tang}\,2a,$$

celui-ci devient

$$1 - \frac{\text{tang}\,a \times 2\,\text{tang}\,a}{1 - \text{tang}^2 a},$$

ou

$$\frac{1 - \text{tang}^2 a - 2\,\text{tang}^2 a}{1 - \text{tang}^2 a},$$

ou encore

$$\frac{1 - 3\,\text{tang}^2 a}{1 - \text{tang}^2 a}.$$

Divisant maintenant

$$\frac{3\,\text{tang}\,a - \text{tang}^3 a}{1 - \text{tang}^2 a} \quad \text{par} \quad \frac{1 - 3\,\text{tang}^2 a}{1 - \text{tang}^2 a},$$

on aura

$$\text{tang}\,3a = \frac{3\,\text{tang}\,a - \text{tang}^3 a}{1 - 3\,\text{tang}^2 a}.$$

Qu'on renverse cette valeur de tang $3a$, et l'on aura celle de cot $3a$. Les réciproques des valeurs qui ont été trouvées pour sin $3a$ et cos $3a$, donneraient de même coséc $3a$ et séc $3a$.

58. En continuant de suivre la même marche, on trouverait les lignes trigonométriques de $4a$, $5a$, etc.; mais on peut y arriver par une voie plus simple et plus expéditive. En effet, si l'on additionne les deux formules

$$\sin(a+b) = \sin a \cos b + \sin b \cos a,$$

et

$$\sin(a-b) = \sin a \cos b - \sin b \cos a,$$

on obtient

$$\sin(a+b) + \sin(a-b) = 2\sin a \cos b,$$

qu'on peut écrire

$$\sin(a+b) = \sin a \times 2\cos b - \sin(a-b).$$

Si l'on y remplace a par ma et b par a, il vient

$$\sin(m+1)a = \sin ma \times 2\cos a - \sin(m-1)a.$$

Cette formule fait voir que, connaissant $\sin ma$ et $\sin(m-1)a$ de deux multiples consécutifs de l'arc a, on aura

$$\sin(m+1)a$$

du multiple suivant, en multipliant le sinus du plus fort des deux multiples connus par le double du cosinus de l'arc a, et retranchant du produit le sinus du plus faible.

Ajoutons encore les deux formules

$$\cos(a + b) = \cos a \cos b - \sin a \sin b,$$
$$\cos(a - b) = \cos a \cos b + \sin a \sin b,$$

et nous aurons

$$\cos(a + b) + \cos(a - b) = 2\cos a \cos b,$$

qu'on peut écrire

$$\cos(a + b) = \cos a \times 2\cos b - \cos(a - b),$$

ou

$$\cos(m + 1)a = \cos ma \times 2\cos b - \cos(m - 1)a,$$

en y remplaçant a par ma, et b par a.

Elle montre que, connaissant les cosinus de deux multiples consécutifs de l'arc a, on aura le cosinus du multiple suivant, en multipliant par le double du cosinus de cet arc celui du plus fort multiple connu, et retranchant ensuite celui du plus faible.

$\sin a$, $\cos a$, $\sin 2a$, $\cos 2a$ étant connus, on pourra, par l'application des deux règles précédentes, trouver $\sin 3a$ et $\cos 3a$, puis $\sin 4a$ et $\cos 4a$, et ainsi de suite.

REMARQUE.

59. Parmi les lignes trigonométriques des multiples

d'un arc, les unes, telles que

$$\tan 2a = \frac{2\tan a}{1 - \tan^2 a},$$

sont exprimées au moyen d'une seule des lignes de l'arc simple, tandis que d'autres, telles que

$$\sin 2a = 2\sin a \cos a,$$

en renferment deux dans leur expression ; mais en faisant usage des relations du n° **41**, on pourra exprimer toutes les lignes trigonométriques des multiples d'un arc en fonction d'une quelconque des lignes de cet arc. C'est ainsi qu'à l'aide de la relation

$$\sin^2 a + \cos^2 a = 1,$$

la formule

$$\cos 2a = \cos^2 a - \sin^2 a \;(\text{n° }56)$$

a pu s'écrire

$$\cos 2a = 1 - 2\sin^2 a,$$

ou

$$\cos 2a = 2\cos^2 a - 1.$$

A l'aide de la même relation, la formule

$$\sin 2a = 2\sin a \cos a$$

devient pareillement

$$\sin 2a = \pm 2\sin a \sqrt{1 - \sin^2 a},$$

ou

$$\sin 2a = \pm 2\cos a \sqrt{1 - \cos^2 a}.$$

D'où l'on voit qu'en supposant $\sin a$ et $\cos a$ connus, le sinus de $2a$ est entièrement déterminé et se trouve représenté par $2 \sin a \cos a$, qui est une fonction ration-nelle de $\sin a$ et $\cos a$; mais si l'on ne donnait qu'une seule des deux lignes $\sin a$ et $\cos a$, le signe de $\sin^2 a$ ne serait pas connu, et sa valeur renfermerait conséquem-ment un radical affecté du double signe $\pm$, tandis que, comme nous l'avons vu, $\tang 2a$ ou $\cot 2a$ s'exprime rationnellement en fonction de $\tang a$ ou $\cot a$. Cette remarque nous donnera lieu de résoudre la question sui-vante :

Distinguer parmi toutes les lignes trigonométriques des multiples d'un arc, celles qui s'exprimeront rationnel-lement en fonction de telle ligne qu'on voudra de l'arc simple.

60. Lorsqu'on donne deux lignes non réciproques d'un même arc a (n° **43**), tous les arcs correspondants à ces deux lignes ont la même extrémité; ils sont compris dans l'expression

$$2 k \pi + a,$$

et leurs multiples dans

$$2 m k \pi + ma;$$

or, pour une valeur quelconque de m, tous les arcs compris dans cette dernière expression se termineront en un même point, et auront absolument les mêmes lignes trigonométriques, qu'on pourra conséquemment expri-mer rationnellement en fonction des deux lignes don-nées.

Supposons maintenant qu'on donne une seule ligne de l'arc a, et d'abord la tangente ou la cotangente. Tous les arcs correspondants à cette ligne seront renfermés dans l'expression

$$k\pi + a \text{ (n° 50)},$$

et leurs multiples dans

$$mk\pi + ma,$$

m désignant un nombre entier quelconque. Distinguons deux cas :

1°. Si m est pair, tous les arcs compris dans

$$mk\pi + ma$$

ne diffèrent de ma que par un nombre pair de π, et se terminent, par conséquent, au même point. Toutes leurs lignes trigonométriques seront donc exprimées rationnellement en fonction de tang a ou cot a.

2°. Si m est impair, l'expression

$$mk\pi$$

renfermera des nombres pairs et des nombres impairs de π, en sorte que les arcs compris dans

$$mk\pi + ma$$

se termineront en deux points diamétralement opposés, et auront ainsi la même tangente et la même cotangente ; tandis que les quatre autres lignes seront de signes contraires pour ces deux points, et leur valeur en fonction de tang a ou cot a renfermera conséquemment un radical affecté du double signe $\pm$.

Supposons, en second lieu, qu'on donne

$$\sin a \quad \text{ou} \quad \text{coséc}\, a\,;$$

les arcs correspondants à la ligne donnée seront tous compris dans les expressions

$$2\,k\,\pi + a \quad \text{et} \quad (2\,k + 1)\,\pi - a \quad (\text{n}^\circ\ \mathbf{31})\,;$$

les multiples de ces arcs le seront eux-mêmes dans

$$2\,m\,k\,\pi + ma \quad \text{et} \quad m\,(2\,k + 1)\,\pi - ma.$$

1°. Si m est pair,

$$m\,(2\,k + 1)\,\pi$$

ne renfermera, comme $2\,mk\,\pi$, que des nombres pairs de π, en sorte que tous les arcs compris dans la formule

$$m\,(2\,k + 1)\,\pi - ma$$

ont la même extrémité que l'arc $-ma$, de même que tous ceux qui appartiennent à la formule

$$2\,mk\,\pi + ma$$

ont la même extrémité que ma; mais les arcs ma et $-ma$ se terminent en deux points symétriques par rapport au diamètre mené par l'origine (n° **26**), et ont, par conséquent, la même sécante et le même cosinus, tandis que les quatre autres lignes seront affectées de signes contraires pour ces deux points, et ne s'exprimeront pas rationnellement en fonction de $\sin a$ ou coséc a.

2°. Si m est impair, l'expression

$$m\,(2\,k + 1)\,\pi$$

ne renferme que des multiples impairs de π, et tous les arcs compris dans les deux formules

$$2mk\pi + ma \quad \text{et} \quad m(2k+1)\pi - ma$$

se terminent aux extrémités d'une corde parallèle au diamètre mené par l'origine (n° **26**), et ils ont tous un même sinus et une même cosécante; mais les autres lignes trigonométriques seront affectées de signes contraires pour ces deux points.

Supposons enfin que la ligne donnée soit séc a ou cos a; les arcs correspondants à cette ligne seront tous renfermés dans la formule

$$2k\pi \pm a,$$

et leurs multiples dans

$$2mk\pi \pm ma.$$

Or, quel que soit m, l'expression $2mk\pi$ ne contient que des multiples pairs de π; il en résulte que tous les arcs compris dans la formule

$$2k\pi \pm ma$$

se terminent en deux points symétriques par rapport au diamètre mené par l'origine; ils ont donc le même cosinus et la même sécante, tandis que les autres lignes sont affectées de signes contraires pour ces deux points.

Résumé de la discussion précédente.

61. On donne :

1°.

$$\text{tang } a \quad \text{ou} \quad \text{cot } a.$$

Pour *m* pair, toutes les lignes trigonométriques des arcs compris dans l'expression *ma* sont exprimées en fonction rationnelle de la ligne donnée, et pour *m* impair, il n'y a que la tangente et la cotangente.

2°.

$$\sin a \quad \text{ou} \quad \csc a.$$

Pour *m* pair, il n'y a que cos *ma* et séc *ma* qui soient exprimés en fonction rationnelle de la ligne donnée, et pour *m* impair, il n'y a que sin *ma* et coséc *ma*.

3°.

$$\sec a \quad \text{ou} \quad \cos a.$$

Quel que soit *ma*, cos *ma* et séc *ma* sont seuls exprimés rationnellement au moyen de la ligne donnée.

Division des arcs.

62. Cette opération a pour but d'exprimer les lignes trigonométriques des sous-multiples d'un arc en fonction de celles de cet arc.

Supposons d'abord qu'on connaisse cos *a*; les formules des n°^{os} **41** et **55** étant vraies pour un arc quelconque, tel que $\frac{a}{2}$, on a

$$\cos^2 \frac{a}{2} + \sin^2 \frac{a}{2} = 1,$$

$$\cos^2 \frac{a}{2} - \sin^2 \frac{a}{2} = \cos a.$$

En prenant la demi-somme de ces deux égalités, il vient

$$\cos^2 \frac{a}{2} = \frac{1 + \cos a}{2};$$

leur demi-différence donne pareillement

$$\sin^2 \frac{a}{2} = \frac{1 - \cos a}{2}.$$

Prenons la racine carrée de chaque membre,
et nous aurons

$$\cos \frac{a}{2} = \pm \sqrt{\frac{1 + \cos a}{2}},$$

$$\sin \frac{a}{2} = \pm \sqrt{\frac{1 - \cos a}{2}}.$$

Supposons, en second lieu, qu'on donne
sin a ; les formules

$$\sin^2 \frac{a}{2} + \cos^2 \frac{a}{2} = 1,$$

et

$$2 \sin \frac{a}{2} \cos \frac{a}{2} = \sin a,$$

donnent, par addition,

$$\sin^2 \frac{a}{2} + 2 \sin \frac{a}{2} \cos \frac{a}{2} + \cos^2 \frac{a}{2} = 1 + \sin a.$$

En les retranchant l'une de l'autre, on trouve

aussi

$$\sin^2 \frac{a}{2} - 2 \sin \frac{a}{2} \cos \frac{a}{2} + \cos^2 \frac{a}{2} = 1 - \sin a.$$

Extrayons maintenant la racine carrée des deux membres de chacune de ces dernières formules, et nous aurons

$$\sin \frac{a}{2} + \cos \frac{a}{2} = \pm \sqrt{1 + \sin a},$$

$$\sin \frac{a}{2} - \cos \frac{a}{2} = \pm \sqrt{1 - \sin a}.$$

Ces deux dernières égalités, combinées successivement par addition et soustraction, donnent enfin

$$\sin \frac{a}{2} = \pm \frac{1}{2} \sqrt{1 + \sin a} \pm \frac{1}{2} \sqrt{1 - \sin a},$$

$$\cos \frac{a}{2} = \pm \frac{1}{2} \sqrt{1 + \sin a} \mp \frac{1}{2} \sqrt{1 - \sin a}.$$

Nous supposerons encore qu'on donne $\operatorname{tang} a$, et nous en déduirons $\operatorname{tang} \frac{a}{2}$, au moyen de la formule

$$\operatorname{tang} a = \frac{2 \operatorname{tang} \frac{a}{2}}{1 - \operatorname{tang}^2 \frac{a}{2}},$$

donnée au n° **55**.

Représentons pour cela tang a par b, et tang $\frac{a}{2}$ par x ; la formule deviendra

$$b = \frac{2x}{1 - x^2}, \qquad \text{ou} \qquad b - bx^2 = 2x,$$

qu'on peut écrire aussi

$$x^2 + \frac{2}{b} x - 1 = 0.$$

Cette équation donne

$$x = \frac{-1 \pm \sqrt{1 + b^2}}{b},$$

ou

$$\text{tang}\, \frac{a}{2} = \frac{-1 \pm \sqrt{1 + \text{tang}^2\, a}}{\text{tang}\, a}.$$

REMARQUE.

63. Nous avons trouvé deux valeurs égales et de signes contraires pour $\sin \frac{a}{2}$ et $\cos \frac{a}{2}$ en fonction de $\cos a$; tandis qu'en partant de $\sin a$, nous en avons trouvé quatre égales deux à deux et de signes contraires. On voit de plus que le calcul donne deux valeurs différentes pour tang $\frac{a}{2}$ en fonction de tang a ; et, comme il ré-

6

sulte de l'équation

$$x^2 + \frac{2}{b}x - 1 = 0,$$

que le produit de ses deux racines égale — 1, on en conclut que les deux valeurs de tang$\frac{a}{2}$ sont de signes contraires.

Si, en donnant une ligne trigonométrique de l'arc a, on donnait aussi l'arc lui-même, on connaîtrait $\frac{a}{2}$, et il suffirait de savoir dans quel quadrant se termine ce dernier, pour connaître le signe de chacune de ses lignes trigonométriques. On pourrait aussi ramener l'arc $\frac{a}{2}$ au premier quadrant; puis, en appliquant à cet arc et à l'arc réduit la règle du n° 34, on saurait de quel signe on doit affecter chacune de ses lignes trigonométriques. Dans le cas où il restera à choisir entre deux valeurs de même signe, on devra prendre la plus grande pour les lignes directes (n° 18), et la plus petite pour les lignes indirectes, quand l'arc réduit surpassera $\frac{\pi}{4}$ ou 45 degrés; le contraire aura lieu quand l'arc réduit sera plus petit que $\frac{\pi}{2}$ ou 45 degrés.

64. On peut dire d'avance combien le calcul donnera de valeurs pour chacune des lignes trigonométriques de l'arc $\frac{a}{2}$, déterminées en fonction de telle ligne qu'on voudra de l'arc a.

Supposons d'abord qu'on veuille les exprimer en fonction de $\cos a$ ou $\sec a$. Tous les arcs correspondants à la ligne donnée sont compris dans l'expression

$$2\,k\,\pi \pm a\,;$$

les mêmes arcs, divisés par 2, le seront eux-mêmes dans

$$k\,\pi \pm \frac{a}{2},$$

ou dans

$$k\,\pi \pm \alpha,$$

en posant

$$\frac{a}{2} = \alpha.$$

Or

$$k\,\pi \pm \alpha$$

est la formule de tous les arcs correspondants aux quatre sommets d'un rectangle tel que MNN′ M′ (n° 26); et l'on sait que chaque ligne trigonométrique est positive pour deux de ces points, tandis qu'elle est négative pour les deux autres. Le calcul donnera donc deux valeurs égales et de signes contraires pour chacune des lignes de l'arc $\frac{a}{2}$ en fonction de $\cos a$ ou $\sec a$.

Il donnera aussi deux valeurs différentes, mais de même signe, pour la tangente et la cotangente, en fonction de $\sin a$ ou $\csc a$; mais il en donnera quatre

6.

égales deux à deux et de signes contraires, pour les autres lignes trigonométriques. En effet, tous les arcs correspondants à la ligne donnée étant compris dans les expressions

$$2 k \pi + a \quad \text{et} \quad (2 k + 1) \pi - \alpha,$$

leurs moitiés le seront dans

$$k \pi + \frac{a}{2} \quad \text{et} \quad k \pi + \frac{\pi}{2} - \frac{a}{2},$$

ou dans

$$k \pi + \alpha \quad \text{et} \quad k \pi + \alpha',$$

en posant

$$\frac{a}{2} = \alpha, \quad \text{et} \quad \frac{\pi}{2} - \frac{a}{2} = \alpha'.$$

L'expression $k \pi + \alpha$ représente, comme on le sait (n° 30), les arcs qui, se terminant aux extrémités d'un même diamètre, ont même tangente et même cotangente; il en est de même des arcs compris dans $k \pi + \alpha'$; mais, comme α et α' sont complémentaires, les lignes directes de α sont respectivement égales aux lignes indirectes de α', et réciproquement, en sorte que

$$\operatorname{tang} \alpha' = \cot \alpha ;$$

mais comme

$$\operatorname{tang} \alpha \cot \alpha = 1,$$

on a aussi

$$\operatorname{tang} \alpha \operatorname{tang} \alpha' = 1 ;$$

d'où il suit que les deux valeurs qu'on trouvera pour

tang $\dfrac{a}{2}$ sont réciproques, et, par conséquent, de même signe. La même conclusion s'applique aux deux valeurs de la cotangente de $\dfrac{a}{2}$.

Supposons enfin qu'on donne tang a ou cot a; cette ligne appartiendra à tous les arcs terminés aux extrémités d'un même diamètre, et renfermés dans les expressions

$$2 k \pi + a \quad \text{et} \quad (2 k + 1) \pi + a.$$

Tous les arcs que nous aurons en prenant la moitié des précédents, sont compris dans les expressions

$$k \pi + \dfrac{a}{2} \quad \text{et} \quad k \pi + \dfrac{\pi}{2} + \dfrac{a}{2},$$

qui deviennent

$$k \pi + \alpha \quad \text{et} \quad k \pi + \alpha',$$

quand on y fait

$$\dfrac{a}{2} = \alpha \quad \text{et} \quad \dfrac{\pi}{2} + \dfrac{a}{2} = \alpha'.$$

Les arcs correspondants à ces deux dernières formules se terminent donc encore aux extrémités de deux diamètres différents. Comme le complément de α' est $-\alpha$, et que les arcs α et $-\alpha$ ont même sécante et même cosinus, tandis que leurs autres lignes, quoique égales, sont de signes contraires, il s'ensuit qu'encore ici les deux valeurs que le calcul donnera pour la tangente sont égales aux deux valeurs de la cotangente, mais respectivement de signes contraires; et que leur produit égale -1, comme le prouve l'équation du n° 63.

Pour chacune des autres lignes trigonométriques, le calcul donnera quatre valeurs égales deux à deux et de signes contraires; et, de plus, à cause de la relation qui existe entre α et α', ces quatre valeurs seront les mêmes pour le sinus et le cosinus, ainsi que pour la sécante et la cosécante.

Formules importantes par lesquelles la somme et la différence de deux lignes trigonométriques se trouvent transformées en produits.

65. En reprenant les formules

$$\sin(a+b) = \sin a \cos b + \sin b \cos a,$$
$$\sin(a-b) = \sin a \cos b - \sin b \cos a,$$
$$\cos(a-b) = \cos a \cos b + \sin a \sin b,$$
$$\cos(a+b) = \cos a \cos b - \sin a \sin b,$$

et les combinant deux à deux par addition et soustraction, il vient

$$\sin(a+b) + \sin(a-b) = 2 \sin a \cos b,$$
$$\sin(a+b) - \sin(a-b) = 2 \sin b \cos a,$$
$$\cos(a-b) + \cos(a+b) = 2 \cos a \cos b,$$
$$\cos(a-b) - \cos(a+b) = 2 \sin a \sin b.$$

Si, dans ces quatre relations, on fait

$$a + b = p \quad \text{et} \quad a - b = q,$$

d'où

$$a = \frac{p+q}{2} \quad \text{et} \quad b = \frac{p-p}{2},$$

elles deviennent

$$\sin p + \sin q = 2 \sin \frac{p+q}{2} \cos \frac{p-q}{2},$$

$$\sin p - \sin q = 2 \sin \frac{p-q}{2} \cos \frac{p+q}{2},$$

$$\cos q + \cos p = 2 \cos \frac{p+q}{2} \cos \frac{p-q}{2},$$

$$\cos q - \cos p = 2 \sin \frac{p+q}{2} \sin \frac{p-q}{2}.$$

66. Ces dernières, combinées par division, donnent à leur tour :

$$\frac{\sin p + \sin q}{\sin p - \sin q} = \frac{\tan g \frac{p+q}{2}}{\tan g \frac{p-q}{2}},$$

$$\frac{\sin p + \sin q}{\cos q + \cos p} = \tan g \frac{p+q}{2},$$

$$\frac{\sin p + \sin q}{\cos q - \cos p} = \cot \frac{p-q}{2},$$

$$\frac{\sin p - \sin q}{\cos q + \cos p} = \tan g \frac{p-q}{2},$$

$$\frac{\sin p - \sin q}{\cos q - \cos p} = \cot \frac{p+q}{2},$$

$$\frac{\cos q - \cos p}{\cos q + \cos p} = \tan g \frac{p+q}{2} \tan g \frac{p-q}{2}.$$

Nous ferons particulièrement usage de la première de ces relations, pour résoudre un triangle dont on connaît deux côtés et l'angle compris (*voir* n° **89**).

CHAPITRE QUATRIÈME.

CONSTRUCTION ET USAGE DES TABLES TRIGONOMÉTRIQUES.

Objet de ces Tables.

67. Les Tables trigonométriques ont pour objet de donner immédiatement, au moyen de calculs faits d'avance, les valeurs des lignes trigonométriques d'un arc quelconque, ou, réciproquement, de faire connaître l'arc d'après une quelconque de ses lignes.

Les Tables de Callet donnent ces résultats pour les multiples de 10″, depuis 0° jusqu'à 90°; et l'on comprend qu'il a suffi de les calculer pour les arcs inférieurs à 45°, puisque le sinus, la tangente, la sécante, le cosinus, la cotangente et la cosécante d'un arc tel que $45° + x$, sont donnés respectivement par le cosinus, la cotangente, la cosécante, le sinus, la tangente et la sécante de $45° - x$, plus petit que 45°.

En outre, les cinq relations établies au n° **41**, entre les lignes trigonométriques d'un même arc, permettent de déduire leurs valeurs de la première d'entre elles qu'on aura calculée.

Propositions préliminaires.

THÉORÈME I.

68. Tout arc positif moindre qu'un quadrant, est plus grand que son sinus et plus petit que sa tangente.

Soient $AM = x$ un tel arc, et $AM' = AM$;

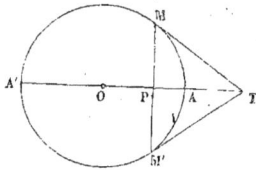

menons la corde MM' et les tangentes MT et M'T. L'arc MN' est plus grand que sa corde et plus petit que la ligne brisée MTM' qui l'enveloppe.

Si l'on prend la moitié de ces trois longueurs, on a l'arc AM plus grand que son sinus et plus petit que sa tangente.

Corollaire. — La valeur de chacun des trois

rapports $\frac{\sin x}{\tang x}$, $\frac{\sin x}{x}$, $\frac{x}{\tang x}$, est toujours moindre que l'unité ; mais elle s'en approche indéfiniment, en même temps que l'arc tend vers zéro.

En effet, le rapport $\frac{\sin x}{\tang x}$, qui est le plus petit des trois, se trouve représenté par $\cos x$ quand on y remplace $\tang x$ par $\frac{\sin x}{\cos x}$, et qu'on multiplie haut et bas par $\cos x$; or on sait que $\cos 0 = 1$. Le rapport $\frac{\sin x}{\tang x}$, qui est toujours représenté par $\cos x$, tend vers l'unité à mesure que l'arc x tend vers zéro, et à plus forte raison en est-il de même des rapports $\frac{\sin x}{x}$ et $\frac{x}{\tang x}$, toujours plus petits que 1 et plus grands que $\frac{\sin x}{\tang x}$.

THÉORÈME II.

69. La différence entre l'arc x et son sinus est plus petite que le quart du cube de l'arc (*).

(*) Cette différence est même plus petite que le sixième du cube de l'arc, comme le prouve la formule

$$\sin x = x - \frac{x^3}{1.2.3} + \frac{x^5}{1.2.3.4.5} - \frac{x^7}{1.2.3.4.5.6.7} + \cdots,$$

qu'on établit en analyse.

Si, dans la formule

$$2 \sin a \cos a = \sin 2a$$

du n° 55, nous faisons $2a = x$, elle devient

$$2 \sin \frac{x}{2} \cos \frac{x}{2} = \sin x,$$

qu'on peut écrire

$$2 \frac{\sin \frac{x}{2}}{\cos \frac{x}{2}} \cos^2 \frac{x}{2} = \sin x,$$

ou

$$2 \tang \frac{x}{2} \cos^2 \frac{x}{2} = \sin x.$$

Lorsque dans le premier membre on remplace $\tang \frac{x}{2}$ par $\frac{x}{2} < \tang \frac{x}{2}$, on le diminue, et l'on a

$$2 \frac{x}{2} \cos^2 \frac{x}{2} < \sin x,$$

ou

$$x \cos^2 \frac{x}{2} < \sin x ;$$

au lieu de $\cos^2 \frac{x}{2}$, on peut mettre $1 - \sin^2 \frac{x}{2}$, ce qui donne

$$x \left(1 - \sin^2 \frac{x}{2} \right) < \sin x.$$

Le premier membre deviendra encore plus petit, si l'on y remplace $\sin^2 \frac{x}{2}$ par le carré de l'arc $\frac{x}{2}$, puis qu'on augmente le terme à soustraire; on aura donc, à plus forte raison,

$$x\left(1 - \frac{x^2}{4}\right) < \sin x,$$

ou

$$x - \frac{x^3}{4} < \sin x.$$

Faisons passer $\sin x$ dans le premier membre, et $-\frac{x^3}{4}$ dans le second, nous aurons enfin

$$x - \sin x < \frac{x^3}{4}.$$

Corollaire. — $\operatorname{Sin} x$ est compris entre x et $x - \frac{x^3}{4}$.

THÉORÈME III.

70. $\operatorname{Cos} a$ est plus grand que $1 - \frac{x^2}{2}$ et plus petit que $1 - \frac{x^2}{2} + \frac{x^4}{16}$.

Pour le démontrer, faisons $a = 2x$ dans l'équation

$$\cos 2a = 1 - 2\sin^2 a,$$

établie au nº **56**, et il viendra

$$\cos x = 1 - 2 \sin^2 \frac{x}{2}.$$

Si nous remplaçons $\sin^2 \frac{x}{2}$ par le carré de l'arc $\frac{x}{2}$, le terme à soustraire augmentera ; par suite, le second membre diminuera, et nous aurons

$$\cos x > 1 - 2 . \frac{x^2}{4}, \qquad \text{ou} \qquad \cos x > 1 - \frac{x^2}{2}.$$

Mais quand nous remplacerons $\sin^2 \frac{x}{2}$ par le carré de l'arc $\frac{x}{2}$, diminué du quart du cube du même arc $\frac{x}{2}$, nous diminuerons le terme à soustraire dans l'équation

$$\cos x = 1 - 2 \sin^2 \frac{x}{2},$$

et, par suite, le second membre augmentera, en sorte que nous aurons

$$\cos x < 1 - 2 \left(\frac{x}{2} - \frac{1}{4} . \frac{x^3}{8} \right)^2,$$

ou

$$\cos x < 1 - 2 \left(\frac{1}{2} - \frac{x^3}{2 . 16} \right)^2,$$

ou encore

$$\cos x < 1 - \frac{x^2}{2} + \frac{x^4}{16} - \frac{x^6}{2.16^2}.$$

En supprimant le dernier terme qui est négatif, on augmente le second membre, et l'on a, à plus forte raison,

$$\cos x < 1 - \frac{x^2}{2} + \frac{x^4}{16}.$$

Calcul du sinus de l'arc de 10″.

71. L'arc de 10″ est contenu 64800 fois dans la demi-circonférence, dont la longueur est représentée par le nombre

$$3,14159\,26535\,89793\ldots,$$

quand le rayon est pris pour unité (n° 3). Divisant ce nombre par 64800, on trouve

$$0,00004\,84813\,68110$$

pour la longueur de l'arc de 10″, et, comme l'arc de 10″ est plus grand que son sinus, on a

$$\sin 10″ < 0,00004\,84813\,68110.$$

La valeur de l'arc de 10″ est plus petite que

$$0,00005,$$

et le quart du cube de cet arc est moindre que

$$\frac{1}{4}\,(0,00005)^3,$$

nombre qui est lui-même plus petit que

0,00000 00000 00032.

Or, en retranchant de l'arc de 10″ le quart du cube de ce même arc, on aurait un reste plus petit que sin 10″, d'après le théorème II, et à plus forte raison si l'on en retranche

0,00000 00000 00032,

qui surpasse le quart du cube de l'arc de 10″. Le reste,

0,0004 84813 68078,

de cette dernière soustraction, est donc plus petit que sin 10″, en sorte qu'on a tout à la fois

sin 10″ < 0,00004 84813 68110

et

sin 10″ > 0,00004 84813 68078.

Le sinus de 10″ se trouve ainsi compris entre deux nombres qui ne commencent à différer qu'au treizième chiffre décimal, et

0,00004 84813 681

en représente la valeur à moins d'une demi-unité du même ordre.

Calcul du cosinus de 10″.

72. De l'unité je retranche la moitié du carré de l'arc de 10″ et j'obtiens

$$0,9999\,99988\,248.$$

Pour avoir une valeur plus approchée de cos 10″, il faudrait, d'après le théorème III, y ajouter le seizième de la quatrième puissance de l'arc de 10″; or, on voit immédiatement que ce terme à ajouter serait beaucoup plus petit que l'unité décimale du treizième ordre, et ne modifierait pas le nombre trouvé plus haut pour la valeur du cosinus de 10″.

Calcul du sinus et du cosinus des multiples de 10″.

73. Si nous faisons $a = 10″$ dans les formules

$$\sin 2a = 2 \sin a \cos a,$$

et

$$\cos 2a = 1 - 2 \sin^2 a,$$

nous aurons

$$\sin 20″ = 2 \sin 10″ \cos 10″$$

et

$$\cos 20″ = 1 - 2 \sin^2 10″.$$

Connaissant le sinus et le cosinus des arcs de 10″ et 20″, la règle du n° **58** permettrait de

7

calculer sin 3o″ et cos 3o″, puis sin 4o″ et cos 4o″,
et ainsi de suite. Il importe, du reste, assez peu
de modifier cette règle pour qu'elle s'applique
plus facilement au calcul des Tables, puisqu'en
définitive ce n'est pas par cette méthode que
ces calculs s'effectuent, mais bien au moyen de
formules plus expéditives, qu'on ne saurait
établir dans un Traité élémentaire de Trigonométrie.

Disposition et usage des Tables de Callet.

7 4. Lorsque le sinus et le cosinus d'un arc
sont connus, les formules

$$\tang x = \frac{\sin x}{\cos x}, \qquad \cot x = \frac{\cos x}{\sin x},$$

$$\séc x = \frac{1}{\cos x}, \qquad \coséc x = \frac{1}{\sin x},$$

donnent un moyen facile d'en déduire les autres
lignes trigonométriques du même arc.

Comme la plupart des calculs trigonométriques se font par logarithmes, on a placé dans les
Tables, à la suite de chaque arc, les logarithmes
des lignes trigonométriques, au lieu des valeurs
des lignes elles-mêmes. Ensuite, pour écono-
miser la place et rendre l'usage des Tables
plus commode, on n'y a pas mis les logarith-

mes de la sécante et de la cosécante, parce qu'il
est très-facile de les déduire de ceux du cosinus
et du sinus, et qu'au surplus il est toujours
très-simple de remplacer, dans les expressions
à calculer, séc x et coséc x par $\frac{1}{\cos x}$ et $\frac{1}{\sin x}$.

Toutes les lignes trigonométriques plus pe-
tites que le rayon ont leurs logarithmes négatifs; mais on a évité les logarithmes négatifs en
les augmentant tous de 10 unités.

Par cette addition, le sinus de l'arc de 10″ a
son logarithme supérieur à 5. On ne rencontrera
donc les caractéristiques 0, 1, 2, 3, 4 que dans
les logarithmes qui, étant positifs, n'ont pas
été augmentés de 10. On peut, si l'on veut, supposer que ces logarithmes ont été aussi augmentés de 10, comme les autres, mais qu'on a
supprimé, faute de place, cette dizaine si facile
à suppléer; et, dans cette hypothèse, la caracté-
ristique de ces logarithmes se lira 10, 11, 12,
13, 14, au lieu de 0, 1, 2, 3, 4.

75. On trouve dans les Tables de Callet les
logarithmes des nombres jusqu'à 108 000. La
seconde moitié du volume renferme deux Tables trigonométriques, dont la première donne
les logarithmes des sinus et des tangentes, de
seconde en seconde, pour les 5 premiers degrés.

La Table suivante est celle qui sert ordinai-

rement pour la résolution des triangles. Les
détails dans lesquels je vais entrer sur la disposition et l'usage de cette Table, sont extraits
de l'instruction que Callet a mise en tête du
volume.

· Elle contient les logarithmes des sinus, des
cosinus et des cotangentes de 10″ en 10″, pour
tous les degrés du quart de cercle. On y remarque les degrés écrits hors du cadre en haut
et en bas de chaque page. Les minutes et les
secondes qu'on y voit à la première et à la seconde colonne, se rapportent aux degrés qui
sont écrits en haut. Les minutes et les secondes
qu'on y trouve à la dernière et à l'avant-dernière colonne, se rapportent aux degrés qui
sont marqués au bas de la page.

La troisième colonne contient les logarithmes
des sinus des arcs dont les degrés sont indi-
qués en haut de la page, et dont les minutes et
les secondes sont marquées dans la première
et dans la seconde colonne. La troisième colonne est intitulée *sinus,* mais il faut lire *loga-*
rithme des sinus. La quatrième colonne, dont le
titre est *diff.,* contient les différences des
logarithmes des sinus. Les nombres de cette
colonne ne sont pas dans l'alignement de ceux
de la troisième ; ils se trouvent tous descendus
d'une demi-ligne, et chacun d'eux exprime la

différence qu'on aurait, si l'on soustrayait l'un
de l'autre les deux logarithmes-sinus entre lesquels il se trouve. Les colonnes cinquième et
sixième contiennent les logarithmes des cosinus
des mêmes arcs et leurs différences ; les colonnes septième et huitième contiennent les
logarithmes des tangentes et leurs différences ;
enfin la neuvième contient les logarithmes des
cotangentes des mêmes arcs : leurs différences
sont les mêmes que celles des logarithmes des
tangentes ; c'est pour cela qu'on a intitulé la
colonne qui contient ces dernières, *différences
communes*.

Si l'on ne considère que les degrés qui sont à
la tête de chaque page, on croira que la Table ne
s'étend que jusqu'à 45 degrés ; mais si l'on ob-
serve que chaque colonne a deux titres, que la
colonne marquée par en haut *sinus* est marquée
par en bas *cosinus;* que celle qui est intitulée
par en haut *cosinus*, est intitulée par en bas
sinus; qu'il en est de même des tangentes et des
cotangentes, on verra qu'en consultant les degrés, ainsi que les titres qui sont en bas de
chaque page, et les deux dernières colonnes
vers la droite des mêmes pages, on aura les logarithmes des sinus, des cosinus, des tangentes
et des cotangentes des multiples de 10″, compris entre 45 et 90 degrés.

Problème I.

76. Un arc étant donné en degrés, minutes
et secondes, trouver le logarithme du sinus, du
cosinus, de la tangente et de la cotangente de
cet arc.

Premier cas. — Si le nombre donné est com-
posé de degrés, de minutes et de dizaines de
secondes, cherchez d'abord le nombre des degrés parmi ceux qui sont écrits en haut ou en
bas des pages : en haut, s'il est moindre que
45 degrés; en bas, s'il est plus grand. Parcourez la première colonne, qui va en croissant
de haut en bas, si le nombre des degrés se
trouve en haut de la page; ou la dernière, qui
va en croissant de bas en haut, si le nombre
des degrés se trouve en bas; parcourez, dis-je,
l'une ou l'autre de ces colonnes dans le sens
suivant lequel elle croît, jusqu'à ce que vous y
ayez trouvé le nombre de minutes donné; passez ensuite dans la colonne des secondes, qui
est à côté de celle des minutes, et qui croît
dans le même sens qu'elle. Puis, sans quitter
le nombre que vous avez trouvé dans la colonne des minutes, suivez celle des secondes;
vous y trouverez vos dizaines de secondes, et
sur la même ligne horizontale, le logarithme

du sinus, du cosinus, de la tangente, ou de la cotangente que vous cherchez. Comme la colonne du logarithme que vous cherchez a un titre en haut et un autre en bas, n'oubliez pas que c'est le premier qu'il faut consulter si l'arc donné est plus petit que 45 degrés, et le second dans le cas contraire.

Veut-on, par exemple, le logarithme du sinus de 2° 24′ 50″. Comme 2° se trouve en haut de la page, je descends le long de la première colonne, qui va en croissant de haut en bas ; je trouve 24′ dans cette colonne. Je passe à la colonne suivante, qui est celle des dizaines de secondes ; je descends le long de cette colonne, et j'y rencontre 50″ ; sur la même ligne, et dans la colonne intitulée par en haut *sinus*, je trouve 8,6244662. C'est le logarithme cherché.

Veut-on, pour second exemple, le logarithme de la tangente de 79° 51′ 40″ : je trouve ici 79° au bas de la page ; je monte le long de la dernière colonne, qui va en croissant de bas en haut, et j'y rencontre 51′ ; je passe à la colonne voisine, qui est celle des dizaines de secondes, je monte le long de cette colonne, j'y rencontre 40″ ; sur la même ligne, et dans la colonne marquée par en bas *tangente*, je trouve 0,7475657, qui, augmenté d'une dizaine (n° **74**), donne 10,7475657 pour le logarithme cherché.

Deuxième cas. — Si l'arc donné contient, en outre, des unités de seconde, cherchez, comme s'il n'en renfermait pas, le logarithme de son sinus, ou de sa tangente; prenez la différence qui est entre le logarithme trouvé et celui qui vient immédiatement après lui, en allant de haut en bas, ou de bas en haut, selon la marche que vous suivez; multipliez cette différence par les unités de seconde dont vous avez fait abstraction; supprimez un chiffre vers la droite du produit, et ajoutez le résultat au logarithme trouvé. La somme sera le logarithme demandé.

Voulons-nous, par exemple, le logarithme de la tangente de 39° 23′ 57″, cherchons celui de 39° 23′ 50″, et nous trouvons 9,9145167; la différence de ce logarithme à celui qui vient après lui en descendant, est 429, qui multiplié par 7 donne 3003. Supprimant le dernier chiffre 3, il nous vient 300, que nous ajoutons à 9,9145167. La somme 9,9145467 est le logarithme cherché. Le nombre 300 se serait, au contraire, retranché du logarithme trouvé, si l'on avait cherché celui d'un cosinus ou d'une cotangente.

Je veux, par exemple, le logarithme du cosinus de 50° 55′ 23″; je cherche celui de 50° 35′ 20″. Ce logarithme est 9,8026919. La différence de ce logarithme à celui qui vient après lui en

montant, est 256, qui multiplié par 3 donne
768. Supprimant le dernier chiffre 8, et faisant
refluer une unité sur 6, j'ai 77, que je retranche
de 9,8026919; le reste 9,8026842 est le logarithme cherché.

Si le nombre donné est au-dessous de 5 degrés, on trouvera sur-le-champ le logarithme
de son sinus ou de sa tangente, en faisant usage
de la première Table; et si ce nombre est au-
dessus de 85 degrés, la même Table donnera
immédiatement le logarithme de son cosinus ou
de sa cotangente.

Troisième cas. — Si le nombre donné contient, outre les secondes, des subdivisions de seconde, telles que des tierces, des quartes, etc.,
on les réduira en parties décimales de la seconde, puis on opérera comme précédemment,
avec cette seule différence qu'au lieu de mul-
tiplier par le chiffre des unités de seconde, on
multipliera par le même chiffre suivi de la frac-
tion décimale, et l'on ne conservera que le
nombre qui est à gauche du chiffre des unités
du produit.

Problème II.

77. Le logarithme d'un sinus, d'un cosinus,

d'une tangente, ou d'une cotangente, étant
donné, trouver l'arc auquel il appartient.

Premier cas. — Cherchez le logarithme donné
dans l'une quelconque des colonnes qui ont
pour titre la ligne à l'expression numérique de
laquelle votre logarithme appartient. Si vous
le trouvez parmi ceux qu'elle contient, obser-
vez à quelle extrémité de la colonne est le titre
que vous avez consulté. Si ce titre est en haut,
jetez les yeux sur la seconde colonne à votre
gauche, et dans l'alignement de votre logarithme, vous y trouverez un nombre de dizaines qui exprimera les secondes de l'arc
cherché. Passez ensuite à la première colonne;
si vous y voyez un nombre dans le même alignement, il sera celui des minutes cherchées;
sinon, montez le long de cette colonne, et le
premier nombre que vous rencontrerez vous le
donnera. Enfin regardez en haut de la page,
vous y trouverez, hors du cadre, le nombre de
degrés demandé. Mais, si le titre en question
est en bas, il faut recourir à l'avant-dernière
colonne vers la droite, qui donnera de même
les secondes; passer ensuite à la dernière colonne, dans laquelle vous trouverez les minutes cherchées, soit dans la même ligne, soit
en descendant le long de cette colonne, jusqu'au premier nombre que vous y rencontre-

rez. Enfin, regardez au bas de la pàge, et vous y verrez, hors du cadre, le nombre de degrés demandé.

Veut-on, par exemple, connaître l'arc dont le logarithme du sinus est 9,3541803 ; je cherche ce logarithme dans l'une des deux colonnes qui sont intitulées *sinus*, sans m'embarrasser si ce titre est en haut ou en bas de la colonne ; seulement je remarque que dans le cas actuel le titre *sinus* est écrit en haut de la colonne dans laquelle j'ai trouvé le logarithme donné. Je consulte la seconde colonne à gauche, j'y trouve 5o″ dans l'alignement de 9,3541803. Je passe à la première colonne, je n'y vois rien dans le même alignement ; mais en montant je rencontre 3′ dans cette colonne. Je jette les yeux en haut de là page, et je vois, hors du cadre, 13°. L'arc demandé est donc de 13° 3′ 5o″.

Si le logarithme donné eût été celui d'un cosinus, alors le titre *cosinus* étant au bas de la colonne, j'aurais, pour connaître les secondes, consulté l'avant-dernière colonne, dans laquelle j'aurais trouvé 1o″. J'aurais passé à la dernière, que j'aurais descendue et dans laquelle j'aurais rencontré 56 ; enfin j'aurais regardé au bas de la page, j'y aurais trouvé, hors du cadre, 76°, et l'arc cherché eût été représenté par 76° 56′ 1o″, complément de 13°3′ 5o″.

On trouvera de même que le logarithme 10,2157103, étant celui de la tangente d'un arc, cet arc sera de 58° 40′ 40″; que s'il exprime le logarithme d'une cotangente, il appartiendra à 31° 19′ 20″.

Deuxième cas. — Si le logarithme donné ne se trouve pas dans les Tables, cherchez les deux logarithmes entre lesquels il est compris dans la colonne qui porte, en haut ou en bas, le titre de la ligne dont le logarithme est donné ; soustrayez de ce dernier celui des deux logarithmes qui est du côté de ce titre, ou retranchez-le du même, selon que l'un sera plus grand ou plus petit que l'autre. Vous ferez ensuite cette proportion : la différence ainsi calculée est à celle des deux logarithmes qui comprennent le vôtre, comme x est à 10″; et la valeur de x exprimera les unités et les fractions de seconde renfermées dans l'arc cherché. Vous aurez les degrés, les minutes et les dizaines de secondes du même arc, en prenant ceux qui correspondent au logarithme dont vous avez pris la différence au logarithme donné.

Veut-on, par exemple, l'arc dont le logarithme de la tangente est 9,9802507 ; je trouve que celui qui lui est immédiatement inférieur dans les Tables est 9,9802434, qui appartient à 43° 41′ 50″. Je le soustrais de 9,9802507, et j'ai

73 pour reste; comme la différence tabulaire est 422, je pose la proportion $\frac{73}{422} = \frac{x}{10}$, ce qui me donne $x = 1,729$. L'arc cherché est donc représenté par $43° 41' 51'',729$.

CHAPITRE CINQUIÈME.

RÉSOLUTION DES TRIANGLES.

Propriétés des triangles rectangles.

78. *Première propriété.* — Dans tout triangle rectangle, la somme des deux angles aigus égale un angle droit.

Deuxième propriété. — Dans tout triangle rectangle, le carré de l'hypoténuse égale la somme des carrés des deux autres côtés.

Troisième propriété. — Dans tout triangle rectangle, un côté de l'angle droit égale l'hypoténuse multipliée par le sinus de l'angle opposé à ce côté, ou par le cosinus de l'angle adjacent.

Quatrième propriété. — Dans tout triangle rectangle, un côté de l'angle droit est égal à l'autre côté multiplié par la tangente de l'angle opposé au premier côté, ou par la cotangente de l'angle adjacent.

Si l'on désigne par A l'angle droit, par B et C les deux autres angles, et par a, b, c les côtés opposés à ces angles, ces quatre propriétés se représenteront ainsi :

1°. $\qquad\qquad B + C = 90°,$

2°. $\qquad\qquad a^2 = b^2 + c^2,$

3°. $\quad b = a \sin B, \qquad$ ou $\quad b = a \cos C,$

4°. $\quad b = c \tang B \qquad$ ou $\quad b = c \cot C.$

Les deux premières propriétés sont suffisamment connues par la géométrie élémentaire.

Pour démontrer la troisième, observons que si BC égalait l'unité, le côté b serait le sinus de B ; mais si BC vaut a fois l'unité, le côté b vaudra a fois sin B ; donc

$$b = a \sin B, \qquad \text{ou} \quad b = a \cos C.$$

On aurait de même

$$c = a \sin C, \qquad \text{ou} \quad c = a \cos B.$$

On démontrera pareillement la quatrième propriété ; car, si BA égalait l'unité, le côté b serait la tangente de l'angle B : mais quand on supposera que BA égale c fois l'unité, b vaudra

c fois tang B; donc

$$b = c \text{ tang B}, \quad \text{ou} \quad b = c \cot C.$$

On aurait semblablement

$$c = b \text{ tang C}, \quad \text{ou} \quad c = b \cot B.$$

Résolution des triangles rectangles.

79. La résolution des triangles rectangles présente quatre cas distincts ; car les données renfermeront nécessairement un ou deux côtés, et chacune de ces deux hypothèses fournit deux cas différents, suivant que l'hypoténuse est comprise ou non dans les données. On ne considérera pas comme un cinquième cas celui où l'on donnerait les trois côtés, puisqu'en y joignant l'angle droit, il y aurait une donnée de trop, et ce cas ne différerait pas du troisième ni du quatrième, dans lesquels on aurait déjà déterminé le côté inconnu.

80. *Premier cas.* — On donne l'hypoténuse a et un angle aigu B, calculer l'angle C et les deux côtés b et c.

L'angle inconnu aura pour valeur

$$C = 90° - B.$$

On déterminera ensuite b et c par les relations

$$b = a \sin B, \qquad c = a \cos B,$$

ou même, si l'on veut, par

$$b = a \cos C, \qquad c = a \sin C,$$

puisque C est connu par le premier calcul.

En prenant les logarithmes, on aura

$$\log b = \log a + \log \sin B,$$
$$\log c = \log a + \log \cos B;$$

mais on ne devra pas oublier que, dans les Tables, les logarithmes des lignes trigonométriques étant augmentés de 10 (n° **74**), elles donneront pour b et c des logarithmes trop grands de 10 unités, qu'il faudra en retrancher avant de chercher leurs nombres correspondants.

81. *Deuxième cas.* — On donne un côté b de l'angle droit et un angle aigu B, calculer le second angle et les deux autres côtés.

La valeur de l'angle inconnu se calculera toujours d'après la relation

$$C = 90° — B.$$

Ensuite l'hypoténuse a et le côté c se calculeront par les formules

$$a = \frac{b}{\sin B}, \quad c = b \cot B,$$

qui donnent

$$\log a = \log b - \log \sin B,$$
$$\log c = \log b + \log \cot B.$$

La soustraction de $\log \sin B$ s'effectuera par l'addition de son complément; et, comme les Tables donnent ce logarithme augmenté de 10, il n'y aura pas à retrancher 10 du résultat.

82. *Troisième cas.* — L'hypoténuse a et un côté b de l'angle droit étant connus, calculer le troisième côté c et les deux angles B et C.

On a

$$c^2 = a^2 - b^2, \quad \text{d'où} \quad c = \sqrt{a^2 - b^2},$$

qu'on écrit

$$c = \sqrt{(a+b)(a-b)}$$

pour faciliter le calcul par logarithmes. Il en résulte

$$\log c = \frac{\log(a+b) + \log(a-b)}{2}.$$

B s'obtiendra par la formule

$$b = a \sin B, \quad \text{ou} \quad \sin B = \frac{b}{a},$$

qui donne

$$\log \sin B = \log b - \log a.$$

B étant connu, on le retranchera de 90° pour avoir C.

On pourrait aussi ne calculer c qu'après avoir trouvé B; on aurait alors

$$c = a \cos B, \qquad \text{ou} \qquad \log c = \log a + \log \cos B.$$

Remarquons encore ici, comme nous l'avons déjà fait plus haut, que $\log \cos B$, fourni par les Tables, est trop grand de 10 unités, qu'il faudra retrancher de $\log c$ avant de chercher le nombre qui lui correspond.

83. *Quatrième cas.* — On donne les côtés b et c de l'angle droit, calculer l'hypoténuse a et les deux angles aigus B et C.

L'angle B se tirera de la formule

$$\tan B = \frac{b}{c},$$

ou

$$\log \tan B = \log b - \log c.$$

L'angle B étant déterminé par le calcul précédent, on aura

$$C = 90° - B.$$

8.

L'hypoténuse, qui pourrait se déduire de la relation $a^2 = b^2 + c^2$, se calculera par logarithmes au moyen de la formule

$$a = \frac{b}{\sin B},$$

ou

$$\log a = \log b - \log \sin B.$$

Propriétés des triangles obliques.

84. *Première propriété.* — Dans tout triangle, les côtés sont proportionnels aux sinus des angles opposés.

Soient ABC un triangle inscrit dans un cercle

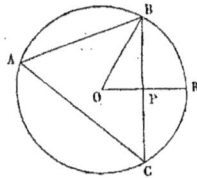

dont nous prenons le rayon OB pour unité, et OP une perpendiculaire au côté BC = a. L'angle O égale l'angle A, comme ayant même mesure BR ; le sinus BP de l'angle O est aussi le sinus de l'angle A. On a donc

$$\sin A = \frac{1}{2} a ;$$

d'où l'on voit que le sinus de chaque angle
d'un triangle est représenté par la moitié du
côté opposé ; et, comme il est manifeste que les
côtés sont proportionnels à leurs moitiés, il
s'ensuit qu'on a

$$\frac{a}{\sin A} = \frac{b}{\sin B} = \frac{c}{\sin C}.$$

Ce qu'il fallait démontrer.

85. *Deuxième propriété.* — Dans tout triangle,
le carré d'un côté quelconque égale la somme
des carrés des deux autres côtés, moins le
double produit de ces côtés multiplié par le
cosinus de l'angle qu'ils comprennent.

En effet, quand l'angle A est aigu, la géométrie élémentaire fournit cette relation

$$a^2 = b^2 + c^2 - 2\,bc' \;(^*),$$

dans laquelle c' désigne la projection du côté c
sur b ; mais la projection de c sur b égale aussi
$c \cos A$. On a donc

$$a^2 = b^2 + c^2 - 2\,bc \cos A.$$

Cette formule convient également au cas où

(*) Voir la *Géométrie* de M. Blanchet, livre III, proposition 12.

l'angle A étant obtus, le dernier terme doit être positif; car, cos A étant alors négatif, $-2\,bc\cos$ A devient positif.

86. *Troisième propriété.* — Dans tout triangle, un côté quelconque a pour valeur la somme des produits de chacun des deux autres côtés, par le cosinus de l'angle qu'il forme avec le premier.

En effet, un côté égale la somme des projections des deux autres sur le premier; or les projections des côtés b et c sur le côté a sont exprimées par $b\cos$ C et $c\cos$ B. Donc

$$a = b\cos\text{C} + c\cos\text{B}.$$

Aire du triangle.

87. Un triangle étant déterminé, soit par deux côtés et l'angle compris, soit par un côté et les deux angles adjacents, soit enfin par ses trois côtés, il s'ensuit que l'aire du triangle peut s'exprimer au moyen de ces mêmes données.

1°. Soient c la base du triangle ABC, h sa

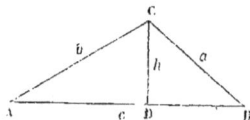

hauteur et S sa surface ; on aura

$$S = \frac{ch}{2} :$$

mais

$$h = b \sin A,$$

donc

$$S = \frac{bc \sin A}{2}.$$

L'aire d'un triangle dont on connaît deux côtés et l'angle compris, s'obtient donc en multipliant le produit des deux côtés par la moitié du cosinus de l'angle compris.

2°. Dans l'expression

$$S = \frac{bc \sin A}{2}$$

je remplace b par $\frac{c \sin B}{\sin C}$ (n° 84), et j'ai

$$S = \frac{c^2 \sin A \sin B}{2 \sin C}, \quad \text{ou} \quad S = \frac{c^2 \sin A \sin B}{2 \sin (A + B)}.$$

Telle est l'expression de l'aire d'un triangle en fonction d'un côté et des deux angles adjacents.

3°. La surface d'un triangle en fonction des trois côtés s'obtient moins simplement.

Pour y arriver, je chercherai la valeur de $\sin A$ en fonction des trois côtés, et je la porterai dans la formule

$$S = \frac{bc \sin A}{2}.$$

Soit

$$a + b + c = 2p.$$

En retranchant $2a$ de chaque membre, il vient

$$b + c - a = 2p - 2a = 2(p - a);$$

on aurait de même

$$a + b - c = 2(p - c)$$

et

$$a + c - b = 2(p - b).$$

Cela posé, prenons la valeur de $\cos A$ dans la formule

$$a^2 = b^2 + c^2 - 2bc \cos A$$

donnée au n° **85**, et nous aurons

$$\cos A = \frac{b^2 + c^2 - a^2}{2bc}.$$

Ajoutons maintenant l'unité à chaque membre, ce qui donnera

$$1 + \cos A = 1 + \frac{b^2 + c^2 - a^2}{2bc};$$

réduisons le second membre au même dénominateur, et cette égalité deviendra

$$1 + \cos A = \frac{b^2 + c^2 + 2\,bc - a^2}{2\,bc}.$$

Si nous remarquons que les trois premiers termes du numérateur forment le carré de $b+c$, nous aurons

$$1 + \cos A = \frac{(b + c)^2 - a^2}{2\,bc}.$$

Comme la différence des carrés de deux quantités égale la somme de ces quantités multipliée par leur différence, on remplacera $(b + c)^2 - a^2$ par

$$(a + b + c)(b + c - a);$$

mais un peu plus haut nous avons supposé

$$a + b + c = 2p,$$

et nous avons vu immédiatement qu'il en résulte

$$b + c - a = 2(p - a).$$

La valeur de $1 + \cos A$ devient, d'après cela,

$$1 + \cos A = \frac{2p \times 2(p - a)}{2\,bc},$$

ou enfin

$$1 + \cos A = \frac{2p(p - a)}{bc}.$$

Nous trouverons de la même manière

$$1 - \cos A.$$

Pour cet effet, retranchons de l'unité chaque membre de l'égalité

$$\cos A = \frac{b^2 + c^2 - a^2}{2\,bc},$$

et nous aurons

$$1 - \cos A = 1 - \frac{b^2 + c^2 - a^2}{2\,bc} = \frac{a^2 - (b^2 - 2\,bc + c^2)}{2\,bc}.$$

La quantité entre parenthèses au numérateur est le carré de $b - c$; on a donc

$$1 - \cos A = \frac{a^2 - (b - c)^2}{2\,bc}.$$

Le numérateur ainsi devenu la différence des carrés des deux quantités a et $b - c$, dont la somme est $a + b - c$, et la différence $a + c - b$, pourra être remplacé par

$$(a + b - c)(a + c - b)$$

ou par

$$2(p - c) \times 2(p - b),$$

et nous aurons

$$1 - \cos A = \frac{2(p - c) \times 2(p - b)}{2\,bc},$$

ou enfin

$$1 - \cos A = \frac{2(p-b)(p-c)}{bc}.$$

Portons la moitié de ces valeurs trouvées pour

$$1 - \cos A \qquad \text{et} \qquad 1 + \cos A,$$

à la place de

$$\frac{1 - \cos A}{2} \qquad \text{et} \qquad \frac{1 + \cos A}{2},$$

dans les formules

$$\sin \frac{A}{2} = \sqrt{\frac{1 - \cos A}{2}} \qquad \text{et} \qquad \cos \frac{A}{2} = \sqrt{\frac{1 + \cos A}{2}},$$

que nous avons établies au n° **62**, et nous aurons

$$\sin \frac{A}{2} = \sqrt{\frac{(p-b)(p-c)}{bc}},$$

$$\cos \frac{A}{2} = \sqrt{\frac{p(p-a)}{bc}}.$$

Mais

$$\sin A = 2 \sin \frac{A}{2} \cos \frac{A}{2},$$

d'après le n° **55**. Remplaçant $\sin \frac{A}{2}$ et $\cos \frac{A}{2}$ par leurs valeurs, on trouve

$$\sin A = \frac{2 \sqrt{p(p-a)(p-b)(p-c)}}{bc},$$

et, par suite,

$$S = \frac{bc \sin A}{2}$$

devient

$$S = \sqrt{p(p-a)(p-b)(p-c)}.$$

Cette expression, dans laquelle p représente le demi-périmètre, donne ainsi la surface d'un triangle en fonction des trois côtés.

Si un côté a était plus grand que la somme des deux autres, on sait que le triangle serait impossible, on aurait alors

$$\frac{b+c-a}{2}, \quad \text{ou} \quad p-a,$$

qui serait négatif, et par suite S serait imaginaire.

Résolution des triangles obliques.

88. *Premier cas.* — On donne un côté a et deux angles d'un triangle, calculer le troisième angle et les deux autres côtés.

L'angle inconnu s'obtiendra d'abord au moyen de la relation

$$A + B + C = 180°;$$

les côtés b et c se déduiront ensuite des formules

$$b = \frac{a \sin B}{\sin A}, \qquad c = \frac{a \sin C}{\sin A},$$

qui donnent

$$\log b = \log a + \log \sin B - \log \sin A,$$
$$\log c = \log a + \log \sin C - \log \sin A.$$

La surface du triangle se calculerait au moyen de la formule

$$S = \frac{a^2 \sin B \sin C}{2 \sin A},$$

que nous avons établie au n° **87**, et qui donne

$$\log S = 2\log a + \log \sin B + \log \sin C - \log 2 - \log \sin A.$$

89. *Deuxième cas.* — On donne deux côtés a et b, ainsi que l'angle C qu'ils comprennent, calculer le troisième côté et les deux autres angles.

D'abord la somme des deux angles inconnus sera

$$A + B = 180° - C,$$

d'où

$$\frac{A + B}{2} = 90° - \frac{C}{2}.$$

La demi-somme des angles A et B étant ainsi

déterminée, on en conclura aussi la demi-différence.

Or on a

$$\frac{\sin A}{\sin B} = \frac{a}{b} \ (n^o \ 84).$$

On en déduit, en vertu d'une propriété connue
des proportions,

$$\frac{\sin A + \sin B}{\sin A - \sin B} = \frac{a+b}{a-b}.$$

On a aussi $(n^o \ \mathbf{66})$

$$\frac{\sin A + \sin B}{\sin A - \sin B} = \frac{\tan\frac{1}{2}(A+B)}{\tan\frac{1}{2}(A-B)};$$

il en résulte

$$\frac{\tan\frac{1}{2}(A+B)}{\tan\frac{1}{2}(A-B)} = \frac{a+b}{a-b}.$$

Nous venons de voir plus haut que

$$\frac{A+B}{2} = 90^o - \frac{C}{2};$$

au lieu de $\tan\frac{1}{2}(A+B)$, on pourra donc
mettre $\cot\frac{C}{2}$, et l'on aura

$$\log\tan\frac{1}{2}(A-B) = \log(a-b) + \log\cot\frac{C}{2} - \log(a+b).$$

La valeur de $\dfrac{A - B}{2}$ étant calculée au moyen de cette formule, on l'ajoutera à celle de $\dfrac{A + B}{2}$, ce qui donnera l'angle A ; en la retranchant, au contraire, de la même valeur, on aura l'angle B.

Les angles A et B une fois connus, on aura le côté c à l'aide de la formule

$$c = \frac{a \sin C}{\sin A},$$

qui donnera

$$\log c = \log a + \log \sin C - \log \sin A.$$

La surface du triangle s'obtiendra au moyen de la formule

$$S = \frac{ab \sin C}{2} \ (n^o\ 87),$$

qui donne

$$\log S = \log a + \log b + \log \sin C - \log 2.$$

90. *Troisième cas.* — On donne deux côtés a et b, ainsi que l'angle A, opposé à l'un d'eux, calculer le troisième côté et les deux autres angles.

La géométrie n'assure l'égalité de deux triangles qui ont un angle égal et deux côtés égaux

chacun à chacun, qu'autant que l'angle égal est
compris entre les côtés égaux. Dans le cas contraire, il peut arriver que deux triangles qui
ont un angle égal et deux côtés égaux, soient
très-différents.

En effet, de l'extrémité C du côté AC, avec

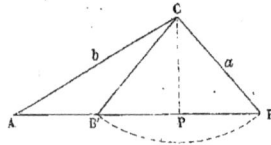

un rayon égal au côté opposé à l'angle A, je
décris l'arc de cercle BB', et je mène CB, CB'.
Il résulte de cette construction que les triangles
ACB, ACB' ont un angle A égal et deux côtés
égaux, savoir : AC commun et CB égal à CB'.

Mais cette construction, qui donne ainsi
deux triangles différents pour les mêmes données, n'est possible qu'autant que l'angle A est
aigu d'une part, et qu'en second lieu le côté
opposé à cet angle est en même temps plus
petit que le côté b, et plus grand que la perpendiculaire CP égale à $b \sin A$.

L'angle B se calculera par la formule

$$\sin B = \frac{b \sin A}{a},$$

ou

$$\log \sin B = \log b + \log \sin A - \log a;$$

on aura ensuite

$$C = 180° - (A + B).$$

Le côté c se déduira de la formule

$$c = \frac{a \sin C}{\sin A},$$

ou

$$\log c = \log a + \log \sin C - \log \sin A.$$

Enfin on aura, pour la surface du triangle,

$$S = \frac{ab \sin C}{2},$$

ou

$$\log S = \log a + \log b + \log \sin C - \log 2.$$

Le calcul de l'angle B, qui se fera le premier, fera connaître si la question est possible, et, dans ce cas, il indiquera si elle admet une ou deux solutions; car, si $b \sin A$ était plus grand que a, $\sin B$ serait plus grand que l'unité, ce qui est impossible, et le calcul fait au moyen des Tables donnerait plus de 10 pour $\log \sin B$. L'arc de cercle décrit du point C, avec le côté c plus petit que la perpendiculaire CP, ne rencontrerait plus le côté AB, et le triangle serait impossible.

Si le logarithme trouvé pour $\sin B$ était égal

9

à 10, l'angle B serait droit, et le côté a ne serait autre chose que la perpendiculaire CP. Mais, quand le logarithme trouvé pour sin B sera plus petit que 10, il y aura deux solutions si l'on a en même temps

$$A < 90° \quad \text{et} \quad a < b;$$

il n'y en aura qu'une seule dans le cas contraire. Comme il est manifeste que l'angle B′ du triangle ACB′ est le supplément de l'angle B, dans le cas de deux solutions on prendra pour l'angle inconnu la valeur trouvée pour l'angle B et son supplément; les deux valeurs de B étant portées dans l'expression

$$C = 180° - (A + B),$$

en donneront de même deux pour l'angle C, et par suite deux aussi pour le côté c, ainsi que pour S.

91. *Quatrième cas.* — Les trois côtés d'un triangle étant donnés, calculer les trois angles.

Nous avons établi au n° **87** les deux formules

$$\sin \frac{A}{2} = \sqrt{\frac{(p-b)(p-c)}{bc}},$$

$$\cos \frac{A}{2} = \sqrt{\frac{p(p-a)}{bc}}.$$

Divisons la première par la seconde, et nous

aurons la suivante :

$$\tan \frac{A}{2} = \sqrt{\frac{(p-b)(p-c)}{p(p-a)}}.$$

Chacune de ces trois formules donnera la valeur de $\frac{A}{2}$, qu'on doublera pour avoir celle de l'angle A. Si l'on y remplace partout A et a par B et b, et réciproquement, on aura trois formules de chacune desquelles on pourra déduire l'angle B; on aurait de même les trois formules correspondantes à l'angle C. Chacune d'elles nécessitera le recherche de quatre logarithmes pour la détermination d'un quelconque des trois angles. Mais si l'on veut calculer les trois angles, la formule du cosinus exige sept logarithmes, celle du sinus en demande six, et celle de la tangente seulement quatre. Dans ce cas, il y a donc avantage à employer cette dernière, qui, lorsqu'on y applique les logarithmes, devient

$$\tan \frac{A}{2} = \frac{1}{2}[\log(p-b)+\log(p-c)-\log p -\log(p-a)].$$

Si, au lieu de retrancher les logarithmes de p et $p-a$, on ajoute leurs compléments, il n'y aura rien à retrancher au résultat, qui doit être augmenté de 10 pour représenter le logarithme tabulaire de $\tan \frac{A}{2}$.

9.

La surface du triangle se déterminera par la formule

$$S = \sqrt{p\,(p - a)\,(p - b)\,(p - c)}$$

donnée au n° **87**, et qui se transforme en

$$\log S = \frac{1}{2}[\log p + \log (p - a) + \log (p - b) + \log (p - c)].$$

CHAPITRE SIXIÈME.

APPLICATIONS DE LA TRIGONOMÉTRIE.

———

Problèmes sur le levé des plans.

92. Dans le levé des plans, on se sert pour
mesurer les côtés et les angles sur le terrain,
comme pour les rapporter sur le papier, d'instruments dont la description et l'usage doivent
être étudiés dans des traités spéciaux. Nous
supposerons cette étude préalable dans la solution que nous donnerons des problèmes sui-
vants.

PROBLÈME I.

*Calculer la distance d'un point accessible à
un autre point inaccessible.*

Supposons qu'on veuille mesurer la distance
des deux points A et B, séparés par une rivière,

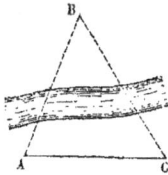

et qu'on se trouve pour cela du même côté que
le point A. On prendra à volonté de ce même
côté un point C, qu'on supposera réuni aux
points A et B par les côtés AC, BC ; ce qui donnera le triangle ABC, dont on pourra mesurer
le côté AC, ainsi que les angles A et C. On calculera ensuite le côté AB par la méthode indi-
quée au premier cas des triangles obliques.

PROBLÈME II.

*Calculer la distance de deux points inacces-
sibles.*

Supposons que les deux points A et B, dont

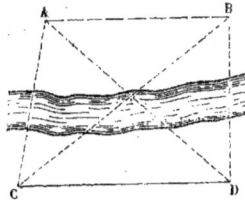

on demande la distance, soient maintenant de
l'autre côté de la rivière. On prendra de ce
côté-ci deux points C et D, qu'on supposera
réunis l'un à l'autre et aux points A et B par
les droites CD, AD, AC, BC, BD. On pourra
calculer, comme dans le problème précédent,
les distances CA, CB ; puis au moyen d'un in-

strument, tel qu'un graphomètre, on mesurera
l'angle ACB. Connaissant alors, dans le triangle
ACB, deux côtés et l'angle compris, on calculera le côté AB par la méthode donnée au
deuxième cas de la résolution des triangles
obliques.

PROBLÈME III.

Prolonger une droite AB *de l'autre côté d'un
obstacle qui arrête la vue.*

On choisira un point C d'où l'on puisse voir

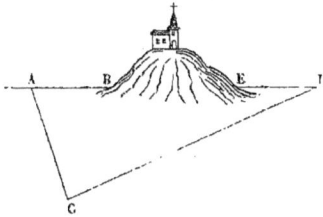

facilement un point A de la droite, et une partie du terrain où devra se trouver le prolongement cherché. On mesurera le côté AC, ainsi
que l'angle A; puis on mènera CD, qui fera
avec AC un angle arbitraire, mais tel cependant
que ce côté CD rencontre le prolongement de
AB. Si l'on calcule le côté CD d'après la con-
naissance des angles A et C et du côté AC, on
portera la valeur trouvée sur la direction CD,

ce qui donnera le point D. On déterminera ensuite la direction DE, en faisant avec DC un
angle égal au supplément de A + C, et ce sera
le prolongement de AB.

PROBLÈME IV.

*Déterminer la hauteur d'une tour dont la base
est accessible.*

On mesurera une ligne horizontale CD, puis

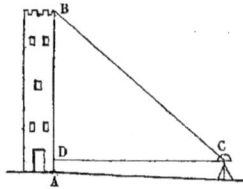

l'angle BCD. Au moyen de ces données, on
calculera BD par la formule

$$BD = CD \tang C\,;$$

en y ajoutant AD, on aura la hauteur AB de la
tour.

PROBLÈME V.

*Trouver la hauteur d'un arbre AB dont le pied
est inaccessible.*

On mesurera une base arbitraire CD, ainsi

que les angles C et D du triangle BCD, dont on

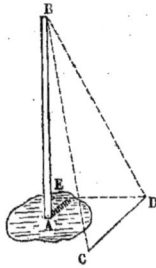

calculera ensuite le côté BD.

La longueur de ce côté, avec l'angle qu'il fait avec l'horizontale DE menée dans son plan vertical, suffira pour calculer la hauteur BE du point B au-dessus du point D.

La même opération donnerait la hauteur du sommet B d'une montagne au-dessus d'un point D de la plaine.

EXERCICES NUMÉRIQUES.

95. Supposons qu'on donne les trois côtés d'un triangle, savoir :

$$a = 519^m,40, \quad b = 409^m,65, \quad c = 382^m,25,$$

et qu'on demande de trouver les trois angles A, B, C, ainsi que la surface du triangle.

D'après le n° **91**, on a les formules

$$\log \operatorname{tang} \tfrac{1}{2} A = \tfrac{1}{2}[\log(p-b) + \log(p-c) + C^t \log p + C^t \log(p-a)],$$

$$\log \operatorname{tang} \tfrac{1}{2} B = \tfrac{1}{2}[\log(p-a) + \log(p-c) + C^t \log p + C^t \log(p-b)],$$

$$\log \operatorname{tang} \tfrac{1}{2} C = \tfrac{1}{2}[\log(p-a) + \log(p-b) + C^t \log p + C^t \log(p-c)],$$

p représentant dans ces formules le demi-périmètre du triangle, et $C^t \log p$, $C^t \log(p-a)$,…, désignant les compléments des logarithmes de $p, p-a,…$.

On voit que le calcul des trois angles demande qu'on connaisse les logarithmes de $p-a, p-b, p-c$, puis leurs compléments, ainsi que celui du logarithme de p.

Or la somme des trois côtés donnés égale $1311^m,3o$; prenons-en la moitié, et nous aurons

$$p = 655^m,65.$$

En retranchant successivement de cette valeur de p les côtés a, b, c, on obtient

$$p - a = 136^m,25, \quad p - b = 246^m,$$
$$p - c = 273^m,4o.$$

Cherchons maintenant les logarithmes de ces nombres, puis les compléments de ces logarithmes, et nous aurons :

$$\log p = 2,8166721,$$
$$\log (p - a) = 2,1343365,$$
$$\log (p - b) = 2,3909351,$$
$$\log (p - c) = 2,4367985,$$
$$C^t \log p = 7,1833279,$$
$$C^t \log (p - a) = 7,8656635,$$
$$C^t \log (p - b) = 7,6090649,$$
$$C^t \log (p - c) = 7,5632015.$$

Pour déterminer le premier angle, j'ajoute les logarithmes de $p - b$, $p - c$, avec les compléments de ceux de p et $p - a$, ce qui donne

$$19,8767250 ;$$

puis je prends la moitié de cette somme, et j'ai

$$\log \tan \frac{1}{2} A = 9,9383625;$$

je cherche ce logarithme dans la colonne intitulée *tang*, et je vois qu'il est compris entre

$$9,9383550 \quad \text{et} \quad 9,9383975.$$

Le nombre 425 que je remarque à droite de
ces deux logarithmes, exprime leur différence;
le premier correspond à un angle de 40° 56′ 50″,
et le second à un angle de 40° 57′, qui surpasse
le premier de 10″. Comme d'ailleurs le logarithme que je cherchais dans la Table surpasse
de 75 le plus petit des deux entre lesquels
il est compris, l'angle cherché surpassera
40° 56′ 50″ d'un nombre de secondes donné par
la proportion

$$\frac{x}{10} = \frac{75}{425}, \quad \text{d'où} \quad x = 1'',765.$$

Il en résulte que

$$\frac{1}{2} A = 40° 56′ 51'',765,$$

et qu'on a

$$A = 81° 52′ 43'',53.$$

Pour déterminer le second angle, on ajou-

tera les logarithmes de $p - a$, $p - c$, avec les
compléments de ceux de p et $p - b$, et l'on
prendra la moitié du résultat; ce qui donne

$$9{,}6817639{,}$$

qu'on trouve compris entre

$$9{,}6817396 \quad \text{et} \quad 9{,}6817936{,}$$

dont la différence est 540, et dont le premier
correspond à un angle de 25° 40'; le calcul
donne ensuite 4″,5 à y ajouter pour avoir
$\frac{1}{2}$ B, qui égale ainsi 25° 40′ 4″,5, d'où

$$B = 51° 20′ 9″.$$

Enfin, si l'on ajoute les logarithmes de $p - a$
et $p - b$ avec ceux de p et $p - c$, et qu'on
prenne la moitié de la somme, on trouve

$$9{,}6359005{.}$$

En doublant l'angle correspondant, on trouve

$$C = 46° 46′ 7″{,}47{.}$$

La somme des trois angles trouvés égale 180°,
ce qui est une preuve de l'exactitude des calculs qui ont servi à les déterminer.

Il nous reste à calculer l'aire du triangle. La
formule qui la donne en fonction des trois cô-

tés, est, d'après le n° **87**,

$$\log S = \frac{1}{2}[\log p + \log(p-a) + \log(p-b) + \log(p-c)].$$

Or on trouve 4,8893711 pour la demi-somme de ces quatre logarithmes, et 77512,39 pour le nombre correspondant. L'aire du triangle est donc égale à 77512,39 mètres carrés.

Supposons, pour second exemple, qu'on donne le côté

$$a = 519^{m},40,$$

le côté

$$c = 382^{m},25,$$

et l'angle

$$B = 51° 20' 9'',$$

et qu'on demande d'en déduire les angles A et C, ainsi que le côté b.

On aura d'abord

$$A + C = 180° - 51° 20' 9'' = 128° 39' 51'',$$

et

$$\frac{1}{2}(A + C) = 64° 19' 55'',5;$$

d'autre part

$$a + c = 901^{m},65, \quad \text{et} \quad a - c = 137^{m},15.$$

On posera donc, d'après le n° **89**,

$$\log \operatorname{tang} \tfrac{1}{2}(A - C) = \log 137,15 + \log \operatorname{tang} 64°19'55'',5 - \log 901,65 :$$

or,

$$\log 137,15 = 2,1371958,$$
$$\log \operatorname{tang} 64° 19' 55'',5 = 10,3182361,$$
$$\log 901,65 = 2,9550380;$$

par suite,

$$\log \operatorname{tang} \tfrac{1}{2}(A - C) = 9,5003939.$$

L'angle correspondant égale
$$17° 33' 48'',03 ;$$

en l'ajoutant à
$$64° 19' 55'',5,$$

on trouve
$$A = 81° 53' 43'',53.$$

Si, au contraire, on l'en retranche, il vient
$$C = 46° 46' 7'',47.$$

Enfin, la relation
$$\log b = \log a + \log \sin B - \log \sin A$$

donne
$$b = 409^m,65.$$

FIN.

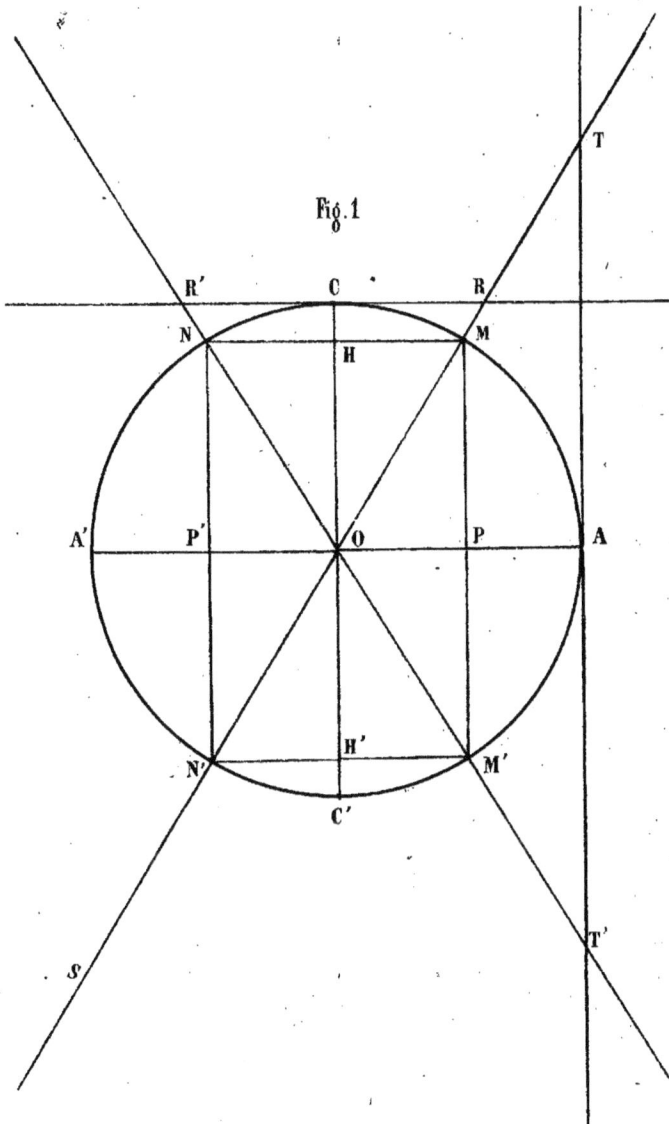

Fig. 1

PARIS. — IMPRIMERIE DE MALLET-BACHELIER,
RUE DU JARDINET, 12.

www.ingramcontent.com/pod-product-compliance
Lightning Source LLC
Chambersburg PA
CBHW050004100426
42739CB00011B/2499